反垂直思维

如何愉快地搞定不想做而必须做的事

〔美〕吉姆·卡斯卡特◎著　方子聪◎译

民主与建设出版社

图书在版编目（CIP）数据

反垂直思维：如何愉快地搞定不想做而必须做的事 /（美）吉姆·卡斯卡特著；方子聪译 . -- 北京：民主与建设出版社，2017.6（2023.12重印）

ISBN 978-7-5139-1588-5

Ⅰ . ①反… Ⅱ . ①吉… ② 方…Ⅲ . ①思维形式 - 通俗读物 Ⅳ . ① B804-49

中国版本图书馆 CIP 数据核字（2017）第 124623 号

著作权合同登记号 图字：01-2017-4914

The Self Motivation Handbook

Published by Motivational Press

1777 Aurora Ro

Melbourne, Florida, 32935

反垂直思维：如何愉快地搞定不想做而必须做的事

FANCHUIZHISIWEI: RUHEYUKUAIDEGAODING BUXIANGZUOERBIXUZUODESHI

出 版 人	许久文
著 者	（美）吉姆·卡斯卡特
译 者	方子聪
责任编辑	刘树民
封面设计	仙境书品
出版发行	民主与建设出版社有限责任公司
电 话	（010）59417747 59419778
社 址	北京市海淀区西三环中路 10 号望海楼 E 座 7 层
邮 编	100142
印 刷	大厂回族自治县彩虹印刷有限公司
版 次	2017 年 8 月第 1 版 2023 年 12 月第 2 次印刷
开 本	710 mm × 1000 mm 1/16
印 张	20
字 数	264 千字
书 号	ISBN 978-7-5139-1588-5
定 价	46.00 元

注：如有印、装质量问题，请与出版社联系。

序言一

人们都说，一个人只有成功卖出去了某个东西，才算了不起。但是我认为，能通过自我激励，去完成那些不得不去做的事，这样的人才算赢家。

去做那些不得不做的事吧，正如吉姆·卡斯卡特说的：“这些事就算你不想去做，也要去做。”我认识吉姆有30年了，我见过他雄心勃勃地展望未来，也见过他井井有条地梳理人生清单，而且惊人地自律。当你阅读吉姆的书时，你会感觉有一个以身作则、身体力行的导师在引领你前进。他是一个真正的靠自我努力实现成功的范例。

我和吉姆都从前辈伟人身上学习到了很多东西，同时我们也在继续完成那些之前想都不敢想的事。我们两个普普通通的人，要做的事情就是把伟人留下的成功经验和智慧传递下去。而这些智慧也曾经帮我们在生活和事业上取得了成功，我相信你也可以。这本书里有上百条具体的建议，能帮助你摆脱消极态度，消除惰性，不再无所事事，同时让你不再怀有不必要的恐惧，觉得好像必须要等到有百分百把握和信心才能开始行动。

每个人都会时不时遭受恐惧、自我怀疑、困惑、沮丧或消极的想法和情绪。而那些成大事的人、幸福的人、生活充满意义和满足感的人，往往是那些能克服这些消极情绪、冲破束缚的人。

在进行自我激励时，小小的心态改变就能打破大的僵局。举个例子：吉姆·卡斯卡特26岁的时候，是个超重的大胖子，身材走样，还是一个每天两包烟的大烟鬼，在一个一眼就能望到头的政府工作岗位上拿着每个月525美元的工资，娶了一个带着孩子的老婆。那个时候的他，根本想不到他会对这个世界产生多大影响。然而，有一天，他无意中在一档电台节目中受到启发，如梦方醒。从那天起，他开始慢慢调整心态，梳理自己的生活。慢慢地，凭借自己的努力，他成为世界上获奖最多、最成功的励志演说家之一。他没有大学学位，没有钱，没有强大人脉，没有一支鼓励团队支持看好他，不过，他现在已经撰写了17本书，奉献了累计超过3000余场演说，总费用价值数百万美元的演讲和研讨会，周游全球数次，在职业演讲领域屡获世界最高荣誉。

吉姆在这本书中分享的智慧和建议可以帮助你改善你的生活，让你朝着你希望的方向前进。你会在书中读到许多前辈的经验介绍，涵盖多个领域，包括音乐、汽车服务、软件、销售、领导力方面的经验介绍，甚至包括一些教育子女的建议。无论你现在工作、生活在哪一个领域，你都无须焦虑，你可以选择继续在那个领域，或者选择开启一个全新的生活领域。无论你如何选择，下面讲到的方法都会对你大有裨益。

现在的你，可能受身边种种工作责任、人际关系、身体状况或财务压力的影响，常常感到局促不安。不过通过阅读下面的内容，你可以改变你的生活，让生活变得丰富而充满意义。

你的处境、国籍、民族、信仰、智力都不是决定因素，甚至也不要求你有强大的意志力。仅需要把本书几条简单理念运用到你的生活中，你的生活就会变得不可思议！

我对吉姆的成功方法和建议深信不疑，我相信你也可以成功。总之，这绝对是一本力作！

艾伦·皮斯

（《为什么男人听不进意见，女人看不懂地图》作者之一）

序言二

如果要找一个人，写有关自我激励的书，那这个人非吉姆·卡斯卡特莫属。吉姆·卡斯卡特简直是千里挑一的人选。下面我来告诉你为什么：从1977年开始，吉姆·卡斯卡特就已经是一名全职的职业演说家兼作家了。在美国，职业演说家有10 000多名，其中有4000名是美国演讲家协会成员（NSA）。10 000名演说家中，取1%即100人来代表最高水平，而再从这100人中取1%，这个人就是最顶尖的演说家了。我想这个标准已经够严格了。吉姆并非此荣誉的唯一获得人，但绝对是座上宾，让我们回顾一下他职业生涯总共多少次登顶此荣誉。

吉姆起初做演说家和培训师的时候，只能通过给别人上课赚钱，每年只能赚18 000美元，而且默默无闻、无人知晓。

如今，吉姆已经是职业演说家名人堂的座上宾（共233人），同时是销售和市场管理名人堂成员之一（不到30人）。此外，他还是国家演讲协会主席（共45人）。与此同时，作为全球演说家联盟委员会成员，吉姆还荣获了卡维特奖（1/39）和国际演讲协会颁发的主持人金槌奖，以及终身成就奖和职业演说传奇奖，并获得演讲专业能力称号认证（CSP）。

在写作这本书期间，他的TEDx视频在YouTube上的浏览量超过600 000次，在总共68 000个TEDx视频中排名第168位。

和吉姆同台演讲的名人有诺曼·文森特·皮尔博士、克莱门特·斯通、奥格·曼狄诺、金克拉、林克莱特、杰克·坎菲尔德、马克·维克多·汉森、莱斯·布朗、约翰·格雷、肯尼思·麦克法兰博士、“了不起的”查理琼斯和厄尔·南丁格尔。此外，吉姆还和斯宾塞·约翰逊合作过一本书，和托尼·罗宾斯一起赤脚踏热炭，两次和拉里·威尔逊完成了“绳索探险课程”。吉姆曾多次被聘为演讲者，在许多重要场合发表演说，服务过的雇主有丹尼斯·魏特利、肯·布兰佳、史蒂芬·柯维、博恩·崔西、杰·亚伯拉罕、尼多·库比恩博士和汤姆·霍普金斯。

目前，吉姆就职于加利福尼亚路德大学管理系院长咨询委员会，同时还在阿克伦大学、费舍尔职业营销学院、高点大学和佩珀代因大学格拉兹道商管学院担任此类职务。

世界范围，包含美国所有50个州在内，吉姆一共发表过超过3000场收费演说。迄今为止，他一共写作并与知名出版社合作发表了17本书，并且作为演说家圆桌论坛独家成员，连续30年被评为20大顶尖专业演说家。所以，以吉姆的资历和阅历，在10 000名职业演说家当中会处于什么地位，你心里大概有一个答案了吗？在我看来，吉姆当之无愧，可以不止一次配得上顶尖演说家的称号，是千里挑一的演说家。在这里特别说明一下，作为吉姆的亲密朋友和老合作伙伴，我可以证明他从未让任何人来提名上述任何一项奖项，也从未通过游说和广告来寻求支持和接纳。所有这些成就只不过是副产品，是他在尝试完成自己所设目标的过程中自然而然产生的副产品。他没有变成一个“成功机器”——外表努力工作，实际自己的生活却土崩瓦解一片混乱。在这里，值得一提的是，吉姆在专业领域取得这么多成就的同时，还和妻子经营着一段甜蜜的婚姻，和儿子相处得也非常融洽。而且，他在不断提高专业技能的同时还不忘保持一个好身材。

托尼·亚历山大

（博士，美国演讲名人堂卓越奖获得者）

自序

只管穿上你的跑步鞋

这本书是助你改变生活的利器。这本书会告诉你如何在工作和生活中取得成功。你可以将书中理念运用到工作、人际关系、财富或者健康上。最重要的是，它能给你带来重生，就像一把利器，把你雕刻成你想要的样子。

你有没有曾经尝试去搞定那些生活中至关重要的事，但又总感觉就是没有办法“一劳永逸”？例如戒除坏习惯、培养新习惯，又或者是克服某种恐惧。对我来说，我首先搞定的事，就是我的体重。看看我现在175厘米的身高，68公斤的体重，你可能认为我天生就瘦，一直这么苗条，但事实并非如此。

年轻时候的我，绝大部分时光都没办法和超重这两个字分开，我一直比我这个身高对应的标准体重重大约9公斤，有时候甚至重得更多。不过我一直没认为我是那种超级肥胖类型的，不过胖，的确是胖。每一年，我都会定期节食，从小学开始就如此。我会先减掉约9公斤，然后又回归原来的饮食习惯。

大概是1975年那段时间，我开始研究个人发展领域（应用行为科学），并开始为自己设定一些目标，阅读励志书籍，参加讲座，听各类激励人心的广播节目或录音带，同时，也开始陆续约见一些和我一样志同道合渴望成功的人。我的职业生涯当时正在经历巨变，不过我超重的体重却一直没有变化。

1975 年的某一天，我觉得是时候了，我决定选择健康，选择永久地保持一副好身材，也就是改变我的“设置”。恰巧我的朋友约翰·巴克是一个慢跑爱好者，隔三岔五就去跑步，我觉得这个我也能干。于是，我当机立断，决定也加入他。但问题是我当时身体不行，或者说我当时根本没有一个能支撑我跑步的身体。我一慢跑，就浑身疼痛——腿也酸，脚也痛，肺就像被灼烧了一样。但是，我还是下定决心要改变自己。

为取得期望效果而要达到的跑步量和跑步强度，对我来说，真是富有挑战性。我从未做过运动员，也没想过自己在跑步方面有什么天赋。也有人告诉过我跑步对膝盖不好，说这不是什么好运动。然而，我注意到，大多数这么说的人，身体都不怎么健康。尽管有这么多保守的建议，我还是下定结论，跑步就是那个适合我的运动。

当时，我亟须根据自身能力，快速采取行动。于是，我为自己设定了一个最低目标，并开始实施：我即使不能坚持每天都跑步，至少能保证自己对跑步持一个开放的态度和状态，随时都可以开始锻炼。所以，我抓起一支笔，在纸上写下：“无论发生什么，每天，我都会穿上我的跑步鞋，来到路边。”因为我知道，只要把那双跑步鞋穿到脚上，强行把那个慵懒的我拖到路边，一场酣畅淋漓的散步或慢跑，就不再遥遥无期，成功概率提升 100 倍！无论外面天气如何，严寒、大风、阴天又或闷热难耐，都无法动摇我这么做的决心。按照大多数人的逻辑，我这个目标当时甚至显得有些愚蠢。毕竟，每天仅仅靠强迫自己来到路边，能对我有多大帮助？

但事实情况是，每天准时来到路边，穿上合适的鞋子，强迫自己从房间里走出来，我内心对跑步的抗拒就已经消失了大部分。我克服了不爱活动的惰性，打断了那个内心慵懒消极的声音：反正这没什么用。

这么做真的有效！先设一个小的容易的目标，先完成一件你有把握完成的事，然后很多剩下的事，都是顺其自然的。尽管减肥这个主要目标对我来说是头等大事，不过起初，我把目标放在一些初始活动上。比如某些天，我只会跑一个街区的距离，剩下的时间，我可能会选择快走，大约1.6公里，仅仅多出一棵树或一个街标的距离。慢慢地，我就养成了这个新习惯，成为一名慢跑爱好者！我还放弃了长久以来的饮食习惯，彻底换了新的饮食方案。就这样，配合跑步，我总共减少了24公斤的赘肉，有生以来……在我30岁的时候，身材达到了最佳。

如今，我的年龄已经是30岁的两倍数了，不过这么多年来，我一直没有重蹈肥胖的老路子。帮助我养成这个新习惯的关键因素就是我的绝对决心，每天，我都会穿上跑步鞋，来到路边，风雨无阻。如果你不采取行动，不迈出第一步，你就永远无法完成人生的主要目标。

我还记得有一次我和妻子参加晚宴迟到的例子。当时我身着一袭燕尾服坐在车里，车已经开到了马路上，这个时候我突然想起来，今天还没有完成我的例行跑步。所以我把车挂回停车挡，不顾妻子在一旁提醒我时间，下车径直跑回了家。然后我穿上跑步鞋，就像棒球触杀动作一般，冲到了路边。完事以后，我迅速返回家中，换上礼鞋，然后钻回车中，奔赴晚宴。有点蠢？也许吧，不过对于我来说，确保我保持多天的自律链条不被打破比什么都重要。如果遇到下雨天，我也会选择先冲到路边，再返回。下雪和大风的天气也是如此，风雨无阻。没有什么能阻挡我每天完成这套看起来有点蠢的小仪式。等等，真的蠢吗？你会发现，绝大多数时候，我都能坚持每天慢跑。对起初几步的全身心投入，使我能更加容易地激励自己坚持锻炼。

都说，只要你出现在应该出现的地方，随时准备好做你该做的，你就已经成功了90%。我非常同意。你如果一开始连局都没有入，还谈什么赢呢？

所以你要好好想想你要的是什么？你想如何改变你的生活？（停下来，

想一想）你应该为哪些事情“露露面”？你用什么方法，才能果断地走出第一步，让自己行动起来？

一个简单的动作，就像下定决心“穿上鞋子来路边”，就足以激励你，把你推向新生活的转折点。为了成为那个你想成为的人，你能接受的每天重复做、每次只做一点点的事情又是什么呢？

你想要成为的那个人，他又会以何种方式做你即将要做的事呢？那个人又将如何使用这本书——不只是作为文字读物，而是作为一个改变生活的利器？

这本我精心打造的书会为你提供多种类型的辅助：

1. 真实故事和生活案例。用图例分析我和其他人做过的一些事，这些事你也可能会做。这些心理图像会印在你的脑海里，在你读完这本书很久以后，仍会记忆犹新。请你一定把那些和你息息相关的事例案例标注出来，然后制订一个计划，开始行动。

2. 还有一些书面练习，旨在帮助你了解、内化那些最重要的事。注意：对于绝大部分人来说，阅读这本书都将是转折点。不过如果你不去做书中的练习，只读不练，那么无论什么灵丹妙药都改变不了你。但是一旦你按照要求完成了这些简单的小步骤，你会发现你仿佛掌握了惊人的力量，可以去做自己想做的事情。有时候掌握更多的知识并不能改变你的生活，更多地采取准确行动才是助你成功的催化剂。

3. 超过 300 条小建议、技巧和策略，助你成长，让你进化成那个你想成为的人。这些建议或技巧大多以小贴士的形式呈现，一分钟就能读完，十分简短，却能给人以教育和启迪。每天读上其中的一两条，可以在读的过程中快速记一些笔记，逐渐地，你的生活就会得到大幅度的改善。

4. 此外，本书还通篇穿插了一些视频链接，点击这些链接会转到 Thrive15.com 这个网站，在上面你会看到我的短视频，每个视频是一个两分钟的案例课程。在网站指定位置输入“acorn”，你可以免费观看所有信息，并且可以在30天内免费观看Thrive15.com上的所有1000多个视频。

5. 白手起家的百万富翁十大特质——我对100多名白手起家的百万富翁、名人和领袖的采访记录和总结。

6. 我的个人故事分享。我会把我的故事分享给你，向你展现我的成长之路，让你了解我是如何将这些思想和理念运用到生活中的。“书如其人，通过阅读一个人的作品，你就能了解这个人。”

7. 一套自我激励检验，告诉你你哪部分生活需要投入更多精力，或者需要你掌握更多“知识”或“技能”。

最后给你一些建议，帮你最大限度地利用这本书。请认真完成书面练习，在完成书上练习的同时，最好再另外用一个独立的日志本或者便笺簿记录一下。为你记录的每个条目标注日期，方便日后检索。每天读一条建议，或者每天读个两三条，最终，你就能收获上百个小点子。在这个过程中，请在每一条建议后面简单记一些笔记，记一记如何将这些建议运用在生活品质的提高上。在你读完整本书，做完所有笔记后，你收获的将是一本宝贵的手册，一本能真正改变你生活的手册。记得，把它做得便携、实用一些，就像我们的日用品一样，摆放在显眼的地方且随手就可以拿来用，以此来提醒我们赶快行动，迈出第一步。

每天，你就只管翻开它，随便翻到哪页，看到那一条条鼓舞人心的小建议，就开始行动吧。

谢谢你对你自己的承诺和付出。这个世界也会因为你的付出而变得更加美好。我们需要你。

以成长的名义与你共同见证。

目录

我们中的绝大多数人，每天耗尽心思努力去做的，都是我们主观认为别人需要的。

把那些你想付诸实践的小技巧标注出来，并迅速采取行动。

你对自身行为产生的尊敬和赞赏越多，你主动完成目标行动的可能性就越大。

第三部分 反垂直思维训练——268堂一分钟自我激励课

第一部分

向大脑提出要求

——你想要什么

我们中的绝大多数人，每天耗尽心思努力去做的，都是我们主观认为别人需要的。

你想要什么

我们所处的世界不断地问我们这个问题，无论何时何地：坐在圣诞老人大腿上时，站在咖啡店吧台边时，敲开一户人家家门时，和朋友通电话时，望着星星许愿时，在许愿池旁投下硬币时，甚至神灯召唤出的精灵都在问我们这个问题。

这个百问不倦的问题就是：你想要什么？

而且，我告诉你，这个问题也是全宇宙的终极问题。不管你想做的是什么，想去的是哪里，如果你连自己想要什么都不知道，那你一定无法成功。

你可能会做成一些事，但是，如果你自己本身不知道自己想要什么，那么你的成功可能只是一场阴差阳错的误会，你做的只是别人希望你做的。

哪怕在日常交通中，我们在判断其他车动向的时候，也是通过它们发出的信号。有时，我们通过接收其他车辆发出的信号，有时通过观察司机朝哪个方向张望，甚至有时通过观察车轮朝哪个方向微微转动。然后我们采取相应的操作，防止出现交通事故。这也正是为什么每天路上跑的车那么多，几百万辆，而交通事故发生的概率却非常低。如果这些车彼此不互发信号，不去想办法告诉对方自己的意图，那我们能做的就只能是猜，“他们想要干什么？”“他们要走哪边？”我们就这样猜，猜着猜着就出车祸了，在路面上是这个道理，在我们的生活中又何尝不是如此？

我们做任何一件事情之前，都要先想好，明确自己想要什么。

“主观臆断‘人人都清楚自己想要什么’，这是一个误区。事实是，如果人对自身的潜能和目标没有预期，那么他们也不会去尝试主动探索。”

——丹尼尔·布鲁斯

“你们祷告，无论求什么，只要相信，就必得着。”

——《马太福音》

我们生存的宇宙是一个自我设计、自我组织的系统。它的形成正是为了满足其周围所有能量的需求。这些能量所产生的各种影响，形成了宇宙。这个道理可以如宇宙奥秘般深刻，也可以如日常生活般浅显。举个例子：一次家庭聚会，如果你主动站出来说：“我今晚特别想去吃烧烤。”那么你很可能潜移默化地影响其他人。如果这个时候你说：“我随便。让爸爸来决定我们晚上去哪里吃吧。”那么，你得到的可能就不是你想要的食物。你要相信，仅仅通过表达一下你的意愿，你就能让那些还没打定主意的人考虑烧烤——很可能，通过这种方式，你就能吃上一顿合你心意的晚餐。而这，甚至都不需要你刻意提出请求。

正如厄尔·南丁格尔所说：“大约有95%的人，像没有舵的船一样，毫无方向，只能在风浪的驱使下随波逐流，漫无目的地游荡。”

无论处于何种情况，我们都有两种选择：表达愿望或保持沉默。如果我们不发出自己的声音（例如，为某件事“投票”），那么我们的关切和利益也会变得无关紧要。我不是让你絮絮叨叨、惹人厌烦地讲“我要的就是这个，我要的就是这个！”我只是建议你要习惯采用一些合理的方式表达自己的诉求和愿望。你发声越多，表达越清晰，你达成自身目标的可能性就越大。如果你不发声，你永远也不会成功。

如果你参加谈判技巧训练，培训师们会告诉你，提要求时，目标永远要设得比预期高一些。举个例子：买车的时候，在最终敲定价格之前，你问：“如果我们以这个价格成交，可不可以帮我免费升级一下音响系统？”卖家可能无法满足你的要求，但是只要你和卖家达成的最终价格对卖家来说还有足够的预期利润空间，那么他为了保住这单销售，就一定会为你提供你想要的升级服务。如果你一点要求也不提，那你一点优惠也得不到。

实际上，我们的大脑也是以这种方式工作的。如果你不向你的大脑提要求，不强迫它给出问题解决方案，那它就真的不会去做。举个例子：如果你总说："我忘了"或者"我就是想不起来"，那么，你就是在告诉自己的大脑："没关系，你不需要再工作了，这件事我放弃了。"换个角度说，如果你说："我还没想起来"或者"我肯定能想起来"，那么你就是在要求你的大脑继续工作，直到想起你想要的答案为止。通常，答案很快就会在大脑浮现。

我们中的绝大多数人，每天耗尽心思努力去做的，都是我们主观认为别人需要的。但是，这往往如猜谜游戏一样让人捉摸不定，因为很多人根本没有能力清楚地表达自己想要什么。你一定有过这种经历，你辛辛苦苦地做了一件不讨好的事，然后跟人家说："我还以为这是你想要的呢。"你能回忆起类似的场景吗？拜托，请不要做让别人猜来猜去的人，就算你不想很直接地告诉别人你想要什么，也不要理所当然地认为别人应该懂你的想法。如果你发现自己在想"他/她应该知道我想要什么"，请谴责一下你自己，然后赶紧转变这种想法。你不主动告诉别人你的想法，别人是不会知道的。

社会也需要我们养成主动表达愿望和需求的习惯。一旦我们养成这个习惯，一切都会变得顺畅许多。这么做并不是莽撞无礼，相反，不这么做才无礼。让别人知道你在想什么，你想要什么，这才是真正的礼貌，这就是生活运转的方式。我们生命内在冲动激发了我们一系列的欲望和兴趣，然后形成了我们生活中的种种行为。

爱默生说得好："欲望就是种种表达方式的呈现。"这本书从头到尾都会问你一个问题："你想要什么？"

你想要什么？你想从生活或工作中获得什么？你想从商家、顾客、同事、朋友那里获得什么？你想成就什么？你想去哪里？你想做些什么？你想什么时候得到你想要的？你想成为什么样的人？

下面，我们开始吧，让我们一起走进这本书。此时，我就是这家购物中心的“售货员”，和所有优秀售货员一样，我会问：“我能帮助你吗？”换句话说就是：“你想要什么？”

搞清楚动机，提高自我领导能力

动机就是刺激你采取行动的东西。“动机”这个词对应的英语单词正好是“激励”对应的英语单词的前半部分。“动机”和“动力”也仅一字之差。它也是你做任何事之前的那个“为什么”。动机带来行动，动机和相应的行动共同组成了激励行为。

事实上，分析动机作用是一个很好的思考激励的方式。一旦你知道了自己想要什么，在任何情况下都能有所目标，你就能对自己的动机时刻保持清醒认知。然后，剩下唯一要做的，就是采取行动。这也正是自我领导力的来源。有时，我们需要通过采取一些小技巧，甚至欺骗一下自己，来努力说服自己去完成那些我们需要完成的事。有时，我们也需要别人推自己一把。总之，我们有许多方法去提升自我领导力，无论我们是否采取类似的小技巧。

在恐惧不安里找到自信

想在生活中取得成功，自信当然必不可少，但是自信又来源于哪里呢？我 9 岁的时候，曾有过一次在迪士尼乐园走失的经历。那是 1956 年，我们一家子人从阿肯色州的家中出发，沿着著名的 66 号高速公路一路行至加州圣塔莫尼卡码头。当时，迪士尼公园开园还不到一年，我叔叔答应我会带上我和他们一家子，一起去看一看。在那之前，他们已经去过三次了。那天对我来说，是终生难忘的一天，爸爸、妈妈和妹妹凯西在约翰叔叔和萨克森阿姨的陪伴下，参观游览了公园。与此同时，我则在堂兄妹布鲁斯、布莱恩和约翰尼的带领下，开始了我的迪士尼探索之旅。

布鲁斯当时和我年龄差不多，布莱恩比我小一点，约翰尼是最年长的。迪士尼乐园实行一票通方案，只要买了门票，就可以玩所有项目。所以，我们不需要再准备额外的钱。我们约定好，下午3点时在游乐园大厅准时会合，在这之前，我们可以随意四处游玩。我们第一站是明日世界游乐区，那里有驰车天地，供孩子们驾驶玩耍。不过，如果你身高达不到入口闸机处标注的高度，那就必须有一名工作人员在一旁代你驾驶。我当时太矮，所以我被分到了一名司机。尽管如此，游戏全程仍十分有趣，结束以后，我离开出口，去和我的堂兄堂妹们会合。

但是我一个人都没找到。我大声呼喊他们的名字，在游园周围和人群当中四处寻找，一遍又一遍地呼喊他们的名字，都没有找到。然后，我吓坏了，既害怕又难过，然后开始哭了起来。我当时并不知道，驰车天地有两个出口，此刻他们正在另外一个出口处找我。我当时只有9岁，孤身一人在一个偌大的地方，身边全是陌生人。

我站在那里哭，哭着哭着，我好像突然想到了什么。对呀，我是在号称“地球上最快乐的地方”啊，想到这里，我内心的恐惧得到了一些缓解。如果让这种困境继续下去，那我将会错过我童年时代最美好的几天。想到这里，我立刻擦干眼泪，一扫难过的心情，继续踏上了我的迪士尼探索之旅。

在接下来长达五个小时的时间里，我只身游遍了迪士尼乐园。我尝试了丛林漂流，探索了汤姆·索亚岛，在金马蹄沙龙的舞台上和小伙伴们一起高唱戴维·克罗克特民谣，等等。我玩得开心极了！最后，在梦幻乐园，我找到了妈妈、萨克森阿姨和凯西姐姐，然后拉着她们一起继续游玩。与此同时，布鲁斯、布莱恩和约翰尼哥哥则在另外一边心急如焚地四处找我，他们不想告诉父母他们把吉姆弟弟领丢了。

这股自信是从哪里来的呢？能让我只身在成百上千的陌生人之间穿梭，独自度过了五个小时。我觉得最主要的原因是我在那一刻突然意识到，这个机会简直太千载难逢了，决不能浪费。我当时的动机就是，想尽一切办法，尽量避免毁了这次美妙绝伦的体验。

当你没有足够的内在自信时，你可以时不时地尝试从其他地方获取一些信心：比如告诫自己，如果没有信心，可能就会错失一个绝好的机会；又比如提醒自己，责任和义务要比恐惧重要得多；或者相信自己，相信大家都相信你，看好你的能力，只不过你自己感觉不到，当局者迷罢了。正如那句话："释放你的力量吧，路加。"你可能已经掌握了一套知识体系或技能，可以让你尽情投入和依靠。或者，你选择听从造物主的旨意，顺其自然。无论你选择哪种方式，无论你的自信来源于哪里，永远都有远不止你的自我意识这一种信心来源。下次你再感到不知所措、恐惧不安时，就想想我给你讲的这个故事吧。

七步计划流程

我儿子 7 岁左右的时候，我教给他了一个简单的七步计划流程。我这样做的目的是通过给他提供一个确定的流程方案，帮助他实现设定的目标——也是为他提供一个供他培养自信的系统。我们把流程写出来然后粘在房间的衣柜门上，大概一个 7 岁儿童的高度，让他每天一抬头就能看到。我让儿子像背诗一样记下这段流程："一定需求；二设优先；三定目标；行动计划跟在后；日程预算不可省；时时反省促提高；勿忘回头验结果。"接下来的几个星期，我时不时地让他随机背诵，并努力让这个过程变得生动有趣，我会给他鼓励和称赞，哪怕有时他只背出了一部分。

下一步，我要做的是赋予这些文字生动的内涵。所以，我们首先挑选了一些他想做的事情——一定需求——我儿子一直想在足球比赛中踢进一个球，可惜他不是一个前锋，所以他很少有射门的机会。于是我让他写下："我一定要在足球比赛中踢进一个球。"然后我和儿子讨论了他要达成这个目标的动机，为什么他想要进球，如果目标达成了，会是一种什么感觉，他怎么做才有可能达成这个目标，以及大概什么时候能达成。在讨论这些的时候，我们进行了第二步——二设优先——分析了一下为达到这个目标（进球）所需要完成的一些优先事项。首先要做的就是先把这个目标告诉他的队友和教练；其次就是要确保，如果让他射门，绝不能影响到其他在场的前锋队友，因为小吉米司职足球中位；再次，他要清楚，他要经常助攻，尽可能地帮助其他队友得分；最后，我让他以不同的行进速度，从多种角度练习射门。

几个星期后，在一场周末球赛的中场休息期间，我把儿子叫到场边，对他说："是时候了！"他看上去有点害怕，虽然知道我说的是什么意思，可是还是问了我一句是什么意思。我重复了一次："你射门的机会来了。"他咽了咽口水，然后回到场内，一副决心已定的样子。然后，比赛进行没一会儿，他就踢进了他的第一分！有史以来的第一个进球，这可是个值得纪念的时刻。在场的每个人——他、他妈妈、教练、整个球队，和我——无一不在尖叫欢呼，为他的胜利喝彩。这个目标就这样达成了，正如我们预想的，和我们计划的一模一样。

在这之后，我们设定了一个更大的目标。一天晚上，小吉米告诉我他想亲身去得克萨斯州圣安东尼奥的阿拉莫战役战争要塞和教堂遗址，身临其境地体验一下阿拉莫战役。当时我们刚刚在电视上看过《阿拉莫战役》这部电影，约翰·韦恩在其中扮演戴维·克罗克特，小吉米看了以后很兴奋。于是我让他做好七步计划流程，准备开始计划。

首先，需求是什么？不久的将来，去圣安东尼奥，展开阿拉莫之旅。哪些事最重要（二设优先）？游览古迹、约请导游、实地学习了解真实的历史故事。除此之外？申请一份父母照看协助——毕竟，小吉米还是个孩子。然后呢？确定支付方式和出行时间。

我们去了图书馆，借了一些关于圣安东尼奥和阿拉莫战役的书，我们尽最大可能学习了相关知识和信息（那时互联网还没现在这么发达）。然后我们最终达成一致，感恩节出发旅行是最佳选择。葆拉，我的妻子也就是孩子他妈，决定将这次旅行变成一场父子之旅，因为她那个周末要去达拉斯拜访朋友。于是，查价钱、订机票、排日程、订宾馆、比差价、订计划这些事就都落在我们父子身上了。对了，准确地说，小吉米才是制订计划和分析的人，不是我。我只是偶尔问他一些问题，给他一点指导。实施七步流程，反复考虑，做调查的始终都是小吉米。

到我们顺利出行为止，小吉米已经经历了一整套规划方案过程：从定日期和时间、控制成本、排日程到权衡利弊、优化选择等。旅行体验也是出乎意料的好，我们在计划时间之前赶了回来，而且预算还有剩余！哇噢！比旅行更重要的是，小吉米掌握了一套新的生活技能，随之而来的自信直至今天都对他产生着巨大的影响。顺便提一句，如今的小吉米已经是南加利福尼亚一家顶级酒店的高级主管了。你我也可以通过这个流程来激励自己。

我记得很多年前，我曾作为青年商会的年轻领袖，接受国际青年会主席肯·库恩的亲身指导，肯·库恩后来竞选了阿肯色州州长。我记得他曾在1973年教我一套模型，这么多年过去了，这套模型时至今日，仍不断为我所用。提高认识、增强信念、设定目标、开展计划、采取行动和获得成就，这是他当时提出的理念。首先，你需要尽可能地学习——尽可能多地收集信息来帮助你提高改善在某一领域对某一话题的认识，然后凭借你的信念加以审视，看看你是否真的能做到？如果不能，就去填补你的信念，采取行动，挖掘你的潜力，让自己的信念更强大。我们对这个世界以及对自己的认知往往会限制我们去做那些我们能做和会做的事，除非我们主动地改善自己的认知和信念。从这一点上来说，设定目标、开展计划、采取坚决严格的行动会帮助我们达到这个目标。做到这些之后，你的成就就得到了量化，这将会有助于你将认知提高至下一个周期。

现在该轮到你使用这套体系了。你想要什么？

描述你理想的生活方式

你以后想成为一个什么样的人？对于这个问题，你的描述越清晰，你就越可能按照你描述的理想生活方式生活。

我的同事达里尔·戴维斯曾提出过一个问题：一副拼图玩具中，哪一部分是最重要的？有人说是边角部分，有人说是中心部分。但实际上，最重要的是拼图盒子上原图的图案。如果你脑海中对即将要创造出的东西没有一幅清晰的画面，那你手里拿的只不过是一片片彼此孤立散乱的卡片，很难把它们拼凑成一幅合理的图画。

花点时间完成以下练习，把答案写下来。把这些答案和愿望用一本日志记录下来，标上日期，然后随时补充。为每个答案留下尽量多的空白，方便填写，哪怕多用几张纸。你也可以把下面这几页纸打印出来，再复印几张，方便以后使用。请注意观察这张“未来的你”之影像在接下来几年是如何不断演变的，又在哪些方面一成不变。

注意：不要以敷衍的态度对待这个练习。这个练习可能是你这辈子完成过的为数不多的几个重要练习之一。

现在，我要求你调动思维、集中精神，努力在脑海中临摹那个你未来想成为的人。这幅图像越清晰，得到的结果就越有说服力。

我们每个人都需要知道自己想做什么，想要什么，未来想成为什么样的人。

下面，就让我们走进“未来的你”吧。

走进未来的你

记录日期： ____________

1. 用一个词来描述你想成为的人，这个词会是什么？

2. 你希望别人在你身上看到什么性格特质？

3. 你希望在哪个话题领域进一步拓展知识？

4. 你最想获得何种技能？

5. 你希望别人怎么看你？（写一写你希望他们如何评论你，如何看待你。）

6. 你希望在哪些地方（哪些群体中）被接纳，你在哪些地方（群体中）会感觉比较自在？

7. 你希望拥有哪些生活经历？（慢慢来，列一个详细的人生清单。）

8. 你想获得哪些资质证书和资历？

9. 你想为这个世界做些什么？你希望用哪种方式发挥自己的影响力？

10. 想象一下，你希望成为的那个人，他会怎么做你现在即将要做的事？

在你完成了对理想中的你的人物画像以后，回顾一下你的个人优先事项（接下来的一章），然后决定你当下应该通过在哪些方面投放更多的精力和重心来将你的理想变为现实。无论何时，人都应该像树一样，奋力成长。要么植根沃土、根深叶茂（像是提升认知和积累），要么春华秋实、硕果累累（像是提高我们行动的效率）。你在一个领域花费过多时间时，你在其他领域的需求会不可避免地增长。所以你需要制订一个日常计划，既要植根，又要结果。

我们可以把这个过程比作节食，只不过与单纯地控制饮食相比，这个过程需要我们考虑的因素更多一些。这是一种对于我们思考和生活方式的变革。

思维食谱：你的成长马达

我们人为地控制体重或调节身体健康时，通常会制定一份食谱：一份详尽的计划，用来督促和限制我们的种种行为。这么做不仅仅是为了改变我们的食品摄入量，更主要的是重塑我们的思维，调节口味，打造一份更健康均衡的日常食谱。同样的道理，我们也可以通过这种方式升级自己的思维，改善行动，培养更好的你。

“思维食谱”旨在通过你的行为来影响你的思想，并借助思维的力量，反向梳理你的行为。在实施这一方法的过程中，你可以参考这个思维食谱，引导你成长，同时训练和培养成功的习惯。这份思维食谱是一个助你成功的利器，能够帮你成为那个你想成为的人。

如果你以自己想成为的那个人为榜样，培养和他一样的思维方式和生活习惯，那么你也将自然而然地收获你想收获的东西。

总共有三条简单原则，按重要性排序依次是：

1. 每天阅读你的思维食谱卡片，早晚各一次。

2. 减少与那些愤世嫉俗、消极悲观的人的来往。

3. 每天不图感谢地做一件无私的事。

思维食谱卡片就是一张小卡片（也可以用空白明信片替代），最重要的是卡片要包含三个主要的部分：

1. 第一部分是当前主要目标（简要描述你眼下生活最迫切的目标）。

2. 你目前正在努力培养的性格特质（列举五个你最想培养的特质，能助你成为你想成为的人的特质）。

3. 每日最小任务量（用行动克服惰性，坚持每天行动，焕发新成长）。

思维食谱卡（正面）

我现在的主要目标

____

____

____

____

五个正在培养的特质

1. ____________________
2. ____________________
3. ____________________
4. ____________________
5. ____________________

思维食谱卡（背面）

每日最小任务量

心智____________________________________

____

身体____________________________________

____

精神____________________________________

____

情感____________________________________

____

朋友____________________________________

____

家庭____________________________________

____

事业____________________________________

____

财务状况________________________________

____

这不仅仅是一张需要你按部就班遵循和完成的目标清单，也是一张特点和行为指导清单，助你培养理想特质。第一部分和第二部分——目标及五个特质——写在你卡片的正面上；第三部分——每日最小任务量——在另外一面上。在填写行为的那一面上，列出八大范畴，分别是心智、身体、精神、情感、朋友、家庭、事业和财务状况。然后，在每个条目旁边写一个最小行动任务量，督促你在相应领域不断成长进步。这一步一定要把目标设得实际一点，既不要过于强迫自己，也不要妄自菲薄。

你脑海中预见的未来决定了你以后会成为什么人

如果你能预见到自己马上会开展一项新的业务，那你一定会非常清楚自己需要学习哪些技能和知识。你如果想在交响乐团里演奏小提琴，那么需要什么技能你一定不会不清楚。

无论你的目标是什么，那些起到决定性作用的技能和知识一定非常容易识别。在你培养未来的你，塑造种种特点的过程当中，你就正在成为那个即将完成纸上目标的人——然后，在这个过程中，目标的达成便会自然而然地成为你日常行为的副产品。生活中，很多人做的正好与这相反，他们将全部的注意力放在目标上。这两种选择方向你尝试哪一个都可以。你如果想明白了想成为哪种人，可以再想想你想成为的那种人，他们会想实现什么目标，然后尝试着成为他（她）们之后，目标便会是顺理成章、自然而然的了。

下次你再发现有空余的时间，就花点时间，给自己做一个个人优先事项评估（自我激励检验中有详细介绍），测一测你生活中哪些方面得到了足够的重视，哪些方面可能被你忽视了。然后使用思维食谱快速计划，做出调整。这些小小的“航向修正”会对你的生活产生巨大影响。注意：不要把这个检验当成“工作”然后感到烦躁不安。偶尔停下来，看看自己最近生活得充不充实，然后适当主动采取点行动，活得更充实一点，这就可以了。

然后呢，现在该做些什么？开始行动吧！

这本书的每一个部分都将引领你到达一个新的认知高度，让你对自身现状有更加清晰的认识。用认知来武装自己，小的改变也可以带来大的影响。

通过学习提高认知，你可以让你的生活充实无比。无论你目前受困于何种现状，工作职责、财务压力又或是家庭责任，通过学习你都会发现很多丰富你生活的方法。放手做吧！不要让你生命中的冲动与活力凋零。现在摆在你面前的，既有工具又有方法。你的橡果里面（潜力种子）含有无尽的潜力，足以创造丰富精彩的人生。你体内的潜力就是改善这个世界的“工具”，有了它，世界会变得更加美好。而你的选择就是自我表达的方法。所以，现在就为自己设目标吧，然后开始采取行动，刺激个人成长。如果你不采取行动，和你一样损失惨重的还有我们每个人。如果你采取行动，我们也将沾你的光，和你一同受益。

这个世界有千千万万种生活方式供你选择，“更卖力”地做手头的事情甚至不是最好的选择，以“不同”的方式做事情可能会达到更好的效果。你如果现在生活得并不充实，那就拿出你的思维食谱卡然后开始快速成长吧。把电视关几天，脱离社交软件，去给朋友和家人打几个电话吧。我指的是真诚地在电话里和他们沟通或者亲自上门拜访，不是发个信息草草了事就可以了。出门走走，主动和邻居攀谈，帮帮别人，哪怕修修东西。总之，就是要和人接触。多做这类事，只要积极健康就可以，然后你的生活就会变得更加丰富多彩。不是这个世界在等待你出场，而是你在时刻准备上场。这个世界一直在运作，随时向你开放。不要再等待了，该是你上场的时候了。

主动生活，不要被动等待。

第二部分

反垂直思维技巧

——68个自我激励的方式

把那些你想付诸实践的小技巧标注出来，并迅速采取行动。

（此外，在本书的第三部分还有268条为您精心准备的建议）

68 个自我激励的方式

一旦你知道了自己要的是什么，你就能想出许多办法，帮助你最终达成目标。不管你想到了什么想做的事，尽管写下来，然后参考以下步骤。下面是 68 个经证实的小技巧，可以激励你不断成长。（把那些你想付诸实践的小技巧标注出来，方便你有需要的时候检索，并迅速采取行动。）

1. 把你的目标或者动机设得明显一些，明显到难以被忽略，同时方便性也非常重要，要易于实施。

在浴室的镜子上、汽车的遮阳板或者仪表盘上、电脑屏幕上、手机里贴一张小贴士，随时提醒自己。

2. 设置目标时苛刻一些，不要给自己拒绝行动的借口。

许下承诺，用不褪色的墨水写下“待办”事项清单。提前把事情都安排好，做好预约，把自己摆在被别人依靠的、不可缺少的位置，逼迫自己不得不采取行动。把待办事项写进你的工作流程里，这样就算你有时会推迟行动，也不至于干脆不做了。

3. 让整个过程尽量有趣一些。

保持微笑，多想些办法增加一些趣味元素。比如添加音乐元素，把它做成一个游戏，等等。一开始就带着快乐和热切的情绪，这些情绪往往就能贯穿整个过程。多在室外或者运动场进行。发挥创造力。

4. 每次行动过后，奖励一下自己。

我的孙子杰森有一次在做数学作业的时候，在每个数学方程式后面摆一块糖，每完成一道题，他就奖励自己一块。你可能会想，干脆把糖放在一起直接吃了不是容易得多吗？但是杰森的做法还锻炼了自己的自律能力。但你也要小心——不要好不容易销售出去了一个大单，就开始自我放纵，把那点利润全砸在庆功上面了，本末倒置。不要健身或节食过后，转身就奖励自己一个大冰激凌，那就起反作用了。相反，你应该买件新运动服来奖励自己。

5. 做一个最低限度的承诺。

人们都说一瓶橄榄中第一颗是最难倒出来的，因为只要第一颗倒出来了，剩下的橄榄就会很轻松地滚动出来了。这个道理在其他领域同样适用。勇敢迈出第一步吧，剩下的一切都会顺其自然地发生。穿上跑步鞋，迈出家门，不想跑步可能都不行了。代表你的“第一颗橄榄”的事情又是什么呢？

6. 找一个监督你的、负责任的小伙伴。

把你许下的诺言分享给其他人。当你知道有一个人在依赖你或者对你抱有期望时，你就有压力了。为了不让他们失望，你很有可能会拿出比以前多几倍的精力和心思。找一个具体的时间和地点，约个朋友，然后主动去做接受监督的一方，并且要确保，如果你不履行诺言，对方也会因此受到影响。通常，这种额外施加的压力会催促你行动。

7. 做一份独立宣言！

果敢大胆地声明，“今天就开始！”我当初决定戒烟时，把这个决定告诉了我的每一个朋友。他们说：“哦，你要决定戒烟了？”我回答：“不是决定戒，而是从现在起，就永久性地戒掉了。我现在想的是具体去除烟瘾的过程。”永远不要说我要怎么样，我决定怎么样了，直接去做！（是的，我从尤达大师身上学到了不少。）

8. 时常回顾你的目标清单。

养成回顾的习惯，每天看一看你的目标清单。每天安排一个固定的时间，专门做这件事。即使你不需要采取什么新的行动，也要时常回顾一下这些目标，最起码这能加深你对这些目标的印象。就算你知道目前还什么都做不了，也要每天读一读它。

9. 备好相关工具、信息和设备。

你如果想修车，就把工具都拿出来，然后摆在车边。你如果想更新软件，就要找好资料和说明，方便随时参考查看。你如果想教孩子理财，就买本书或下载个应用，然后提前商量好见面的时间和地点，并确定好具体要讲多久，然后列出你们可能会讨论到的几个话题。把支票本或存款记录打印出来，方便讨论学习。按照你的方法把第一步需要的工具提前摆放好，这样，如果你需要这些工具做其他事时，直接把它们拿走就可以了。

10. 打破惰性——行动!

不要只是想想而已，采取点行动，哪怕只是一点点。站起来！朝你的目标再走五步，多说一些积极正面的话，鼓励自己快点开始行动。现在就做。

11. 偶尔反省，防止退步。

大声回答，“如果我不快点采取行动，会产生什么后果？”时刻提醒自己不行动可能带来的痛苦结果。

12. 成为 Thrive 客（Thrive15.com）。

Thrive15.com 是一个寓教于乐的在线网络课堂，拥有1000多个短视频教程，主题涵盖各行各业，还有许多励志主题的视频，你能想到的这里都有。进入网站以后输入验证码“Acorn”即可享受30天免费观看权，可以一览所有视频资源。你可以在 Thrive15.com 上找到超过110个时长在10分钟以下的吉姆·卡斯卡特视频。

13. 将自己置身于充满刺激的环境中。

蒂姆·苏厄德一直想成为公司国际销售经理，并希望年终获得一辆雪佛兰科尔维特。于是在这之前，他先去雪佛兰经销处试驾了一下。然后他回来以后，把科尔维特的广告海报贴在了床头上、办公桌上，只要是他能看见，能提醒到他的地方，他都贴了。那年年底，他果然如愿以偿地赢取了那辆雪佛兰科尔维特！把那些能激励你的东西放在身边，然后把全部心思放在上面。

14. 把你取得的进步在挂图上标记出来。

每天看看你进展到哪里了，你也可以在应用软件上进行标记。现在有很多工具有这个功能，但是制作一张每天抬头不见低头见的挂图帮助更大。就算现在你的心思不在目标上，也要保持跟踪进度。

15. 摆脱诱惑。

如果你觉得你今天可能会陷入社交媒体无法自拔，那今天就干脆不要登录。如果你担心今天工作会忙得让你连电话都打不了，那今天干脆就不要去办公室。如果你在家办公无法抵御电视的诱惑，无法忍住不做家务，或者总是想放松娱乐一下，那就离开家，出来找个其他地方办公！也别总和那些面对诱惑轻易屈服的人交往。早点回归正轨，最好抵御诱惑的方式就是远离诱惑。放下你的手机，聚精会神干好手里的事。

16. 不断让你的心理图像更加清晰。

哪怕每天只提升一个像素，不断让你的目标清晰明了，要能清楚地阐述你的目标，然后写下来，不要电子版的，要用实实在在的笔墨写出来！当你把脑子里的东西落实在手上，实实在在写出来，神奇的事情就会发生。还有，每天都在已有的描述上面添加点内容，添点细节描述或者一张照片，让它变得更加生动具体，更加具有感染力。

17. 尽量避免或减少与悲观主义者接触，也不要和那些疑神疑鬼的人交往。

老好人（滥好人）并不总是“善良”的：如果有一个人表面看起来很好心，安慰你，和你说目标完不成也没关系，那他实际上是个没有原则和自律性的人，这种人请你远离他。你不需要找一个为你的脆弱无能频繁找借口的人。你需要的是力量，而且你要相信，你体内是有这股力量的。如果有人不鼓励你，反而劝阻你，那你就和他们谈一谈，看看能不能让他们换一种方式支持你。如果他们执意阻拦你，不愿给你相应的支持，那就减少和他们交往的时间。和那些武断阻拦和无端质疑你的朋友甚至家人说一声再见。既要注意礼貌又要内心坚定——从今天起，不再悲天悯人，不再乱发牢骚。现在开始，和那些整日抱怨、评头论足的人划清界限。对于那些批评你的人，委婉地反驳，然后要让他们知道，不管多么委婉、善意的劝阻，都无法动摇你的决心，阻止你前进，然后告诉他们：“我知道你是好意，但你这么说会妨碍我。请您以后不要再这样做了。”姑且排除外界干扰的因素，能保持自我激励就已经非常不容易了。

18. 与过去的模式彻底决裂。

过去的你只配得到和过去一样的结果。一个被注入全新活力的你，才有能力完成全新的目标。为了开始新生活，放手一搏去做那些你应该做的事吧。举个例子，你如果打算戒酒，就直接把酒全部倒掉。不要说我要留一点招待客人，就直接全部当垃圾倒掉，不用担心浪费。保证在完成动机时心无杂念。如果你的首要目标就是戒酒，那其他任何事都可以让步。同时，这段时间内远离所有酒友，和酒彻底决裂，开始全新生活。只有当你放弃与过去相关的一切时，你才有可能找到新的、更好的目标和选择。我戒烟的时候，刻意把我所有雕花打火机和精致烟灰缸全都送给了陌生人，防止他们想再还给我。我就这样，彻底把烟戒了。因为我从来没有打算再抽烟，所以我没理由再留着这些抽烟用的家伙什，防止它们“死灰复燃”。我戒烟那天，还亲手销毁了将近半条高档精品烟。你需要彻底决裂的东西是什么？

19. 常去教堂、寺庙、犹太教会或者清真寺。

你可以采取亲身参加或出席的方式，或者至少订阅或下载一些相关资源，来获得一些启迪和鼓舞。我们都需要时不时升华一下自己——无论是通过在家读《圣经》、去教堂做礼拜、听课获得鼓舞、看 TED 视频学习或者阅读一些启人心智的杂志文章。你需要这种形式，这种形式可以让你在生活中更加坚强，愈战愈勇。你也不一定非得信奉其他人的信仰——时常鼓舞一下自己，坚定属于自己的信仰就可以了。这个世界上，有远比你我多得多的人和物。这和宗教无关，这是信仰和内心鼓舞。

20. 在你的咖啡桌上放一本《成功杂志》。

我一直很喜欢这本杂志。我认识这家杂志社的前老板克莱门特·斯通和发行人奥格·曼狄诺。我也认识他们现在的发行人达伦·海迪。这本杂志里有许多小建议、故事和一些深度文章，能帮助你改善生活。不妨今天就订阅一下，然后每篇文章都读

> **我是如何激励我自己的**
>
> 什么激励了我？
>
> 下面是我最喜欢的7篇文章：
>
> 1. 奉献微笑——享受微笑
> 2. 我知道我做到了！
> 3. 成就感
> 4. 证明我行
> 5. 自由，完成下一件事吧
> 6. 脑啡肽！
> 7. 精力充沛的感觉
>
> 简·佩恩

一读。当然你可以选择在线上阅读，不过纸质版本杂志有不可比拟的力量，可以不断提醒你阅读。

21. 改变你生活的法则：在家庭、工作、朋友和家庭方面。

给我几周时间观察你的生活模式，我就能轻而易举地辨别出你的“生活法则”“工作法则”和“家庭法则”。我们都有各种法则，即便有时我们没有把它们写下来。想想那些你日常遵循的法则，然后改变那些对你无利的法则。

22. 一品成功的滋味。

想象一下未来的你，想想他会需要什么装备、会有何种经历，然后你也做相应的准备，扮演未来的你。麦当劳的创始人雷·克洛克在有能力买进第一辆豪车之前，相当长的一段时间内都是开二手豪车。通过这种方式，他在不用支付高额购车费且避免负债累累的情况下，体验了豪车的奢华。不仅仅是你开的车，你的穿着、你的举止都是如此。你可以从整理你的生活，让你的生活井井有条开始。这些方式都能提高你自我激励的能力。

23. 习惯在更高层次工作生活。

多去体验新的生活方式。如果以你现在的支付能力，还住不起四季酒店，那你可以约客户在那儿吃个午饭或早饭。从你支付得起的地方开始，率先体验奢华。不要举债去买你买不起的东西。先从小处入手，熟悉一下一流品质是什么感觉，这是一个不错的主意。偶尔点一份牛排，备一套非常高档的衣服。在生活工作各个方面，先像成功人士一样思考、体验、感受。

24. 现在就去修理牙齿!

清洗汽车，梳理头发，做好成功的准备，就是现在!

我的好朋友山姆有一次来找我，和我说："我的生活和你的相比，简直一团糟。能不能帮我改变一下？"我回答："没问题，先去把你的牙齿修理一下吧，然后我帮你一起改变。但是他当时并没有采纳我的建议。"他一开始不明白我是什么意思。当时，山姆的前牙需要修补，他却迟迟不采取行动。因为担心费用、害怕疼痛，他一直拖着不管。那就意味着每天从早到晚，山姆都要非常不自然地时刻掩盖自己牙齿的缺陷。他每天要注意自己笑的方式、说话的方式，生怕暴露那颗坏的牙齿。这个问题就这样每天一点一点消耗他的精力。如果他听我的建议去修了牙齿，他一定会兴高采烈地来感谢我，"吉姆，你改变了我的生活！"我们就假设他这么做了吧：他改变了自己生活。你也可以，从修理牙齿开始。

25. 把你的衣服和物品放进环保袋。

定期清理文件夹、车库、办公室、衣柜和公文包。形象顾问专家常把一个过程术语挂在嘴边，叫"环保打包"，是指你从头到尾清理一次衣柜，然后把所有超过一年没有穿过的衣服放进一个环保袋中打包，用于捐赠或者回收。扔掉那些坏了的、过时的、劣质的或者已经被你用得非常破旧的物品，把它们捐赠给那些有需要的贫困群体。永远不要身着破旧的衣服出席公共场合，也不要穿过时太久的衣服。

26. 提高自我谈话质量。

有一次在去往阿拉斯加首府朱诺的出差途中，我和一个同事坐在一起。从我到的那一刻起，我就注意到了他的负面情绪。他嘴里嘟囔的都是“我怕我不能……他们会不会……那不会……应该不会……”等类似悲观论调。我一直在鼓励他，他每说一次“我不能”，我就让他朝罐子里扔一枚硬币，一晚上过去，罐子里甚至装满了硬币。可是他还是说：“我就是怕我做不成！”他的自我谈话只能让他越来越卑微，离成功越来越远。你需要做出必要的改变，在语言和思想上多用积极的语言和自己对话。

27. 克服社交强迫症（害怕错过任何一场社交聚会）。

你总是发现自己的邮箱里有上百条未读或未回复邮件吗？你总是发现自己有一堆堆的报纸杂志摞在一起没有读吗？你注意到手机总是“内存已满”了吗？或者，有没有其他迹象，表明你总是因为害怕错过而不断堆积？这是一种强迫症，也是一种拖延症，这是一种非常不健康的心态，会限制你的成功。要养成该放手就放手的习惯。举个例子：你订一本杂志，那每个月都会出一期新内容，你是不可能每一期每一篇文章都不落的。去消费杂志，而不是收集杂志。拿到杂志以后大致浏览一下，圈定你喜欢的信息，然后把你喜欢的文章撕下来，旅行途中就可以拿出来读了。剩余部分，丢去回收吧。清空信息通知列表，退订所有在线购物门户和网站。释放你的大脑，为成长进步留出空间。无须把过多精力放在订阅上面，只要你想搜索，最新信息随时唾手可得。

28. 多和赢家交往，往往是没错的。

物以类聚，人以群分。成功者讨论的往往是前沿理念，或者和潜在机会有关。而那些碌碌无为的人，谈论的东西往往很局限，多是一些宽泛无用的话题。成功的人喜欢在一起探讨高效的办事方法，他们推崇乐观主义。而失败的人聚在一起，总是喜欢对别人评头论足，讲的都是些毫无建树的观点，他们以互相消遣为乐。多和志同道合的人同行，学习他们说话、思考的方式，观察他们应对挑战时如何反应。

29. 学会放弃。

不，我说的不是遇事就放弃。放弃那些让你裹足不前的事情。具体什么样的事情你可以、应该放弃呢？做这件事会不会一直让你处于一种被压抑的状态？这份友谊会不会成为一种限制或障碍？如果是，那你现在应该减少和他们交往的时间了。你现在的生活习惯中有没有对你的成功有百害而无一利的？如果有，请马上放弃。还有，不要再看肥皂剧，也别看那些消极题材的情景剧了。它们满足的是人内心脆弱、无能和恐惧的心理。相反，多看催人奋进的节目，找一些励志故事或成功人士的传记观察那些你想成为的人的生活方式，从他们身上学习，而不是从那些一面愤世嫉俗一面又自我放纵的人身上学习。

30. 人皆我师。

爱默生说过：“我遇见的每个人，都一定在某些方面可以做我的老师，所以我从每个人身上都能学到东西。”说得没错。在通往成功的阶梯上，就算是在最底端的人，也一定有他不为你我知道的过人之处。还有一句古话：“这个世界上没有一无是处的人，但你一定在某个领域几乎一无是处。”这句话是幽默了一下。不过的确每个人都有值得你学习的地方，这个事实我们要尊重。请带着尊重去欣赏每个人。

31. 不抱怨。

真正阻碍你前进的问题一定和他人无关——一定是你自己的思维方式出了问题。你把自己的失败归咎于外界环境或其他人，就是在推卸责任和后果。但真正有权力做出决定和行为的人，只有你自己。不要找借口，相反，要找方法。补充一句，没有人会欣赏一个总是抱怨的人。

32. 停下，呼吸，思考。

有时候，需要让外界活动噪声停下来，你才能真正思考所见所闻所感，才能收获新的认知和理念。所以抽出点时间，停下脚步，呼吸一下。趁着这段时光，认真感受一下周围世间万物的美。我的朋友凯文·巴克说：“学而不思，那就是没有真止的学习。”

33. 把嘴巴闭上去聆听。

仔细观察，用心留意，记住这个世界不只有你。你需要别人，正如别人也需要你。有时候我们一心想着成功，说起话来就停不住了，觉得我们激情澎湃的演讲一定会激励他人，同时感染他人去帮助别人。但事实并非如此，有时我们只是自作多情。每个人都有他 / 她自己的动机，如果你不理解他 / 她们真正的关切，那么他 / 她们也不会对你说的话感兴趣。当你滔滔不绝时，你知道的只有你自己的想法；只有当你闭上嘴巴用心聆听时，你才能获知别人的想法和观点。

34. 每天做点无私的事。

可以以付出为目标，但是永远不要指望付出必须得到回报。慷慨大度是最具力量的举止，是爱与友善的体现。我们付出我们的时间、精力、技能和资源，就是在使这个世界变得更加美好。想办法培养为他人着想、帮助他人的习惯，尤其多去帮助那些你不认识的人。尽管付出，把爱传递出去，总有一天，你会得到回报。

35. 感激是一种伟大的情感。

培养一颗感恩的心，并学会经常公开感谢和赞扬他人。我们都喜欢与欣赏我们的人在一起。当有人真诚地称赞我们，或者表扬我们哪里做得好时，我们往往会沉浸在被人关注的喜悦里。请也做这样一个把喜悦传递给别人的人，同样的，你也会因此而更加喜欢和尊重自己。

36. 接受一个事实：你的力量有时不足以克制你的冲动。

必要时争取你需要的工具和支持。病人在康复过程中会遇到一个主要的障碍，他们需要一个过程来接受一个事实，那就是面对疾病，他们有时是无能为力的。我们都会不可避免地对某些东西产生依赖，有时是一个习惯，有时是某个行为方式，或者是某种物质或者活动。我们需要主动选择和培养习惯，而不是被动地任由其积重难返。放任自己做一件事之前，一定要谨慎再谨慎，小心再小心。你的情绪可能不直接受你控制，但你可以学会在感受到这种强烈情绪的时候控制自己的行为举止。举个例子：你可能会有害怕的时候，但是你不一定一害怕就跑。你可能会有生气的时候，但是你不一定一生气就发火。如果一开始你发现控制不良行为冲动有困难，那就先练习拖延不良行为。随着时间推移，你的控制能力会越来越强。

37. 把你想要的以书面形式呈现出来。

写完整，然后标上日期！如果你不写下来，那你很可能做不成。书写的力量是巨大的——不是用键盘打字，是用纸笔实实在在地写下来。书写的过程会产生一种神奇的激励元素。所以，把你想要什么、什么时候想要都写下来，同时每次把书写的日期也写在纸上。

38. 时常自我评估：做一场成功前的预采访。

如果你想知道自己离成功还有多远，那么你不妨用书写或者录音的方式"采访"一下自己。你可以精心准备一系列问题，测验自己有没有做好成功的准备，然后自己回答一下。你也可以在网上找到许多评估题，可以拿来直接使用。如果你想获取不同类型的自我评估测试和目录，请写好备注，发至我们的邮箱 info@cathcart.com，在主题栏标明"assessment"。

39. 识别你的当前状态：你的处事风格，也就是你做事的方式方法。

在这本书的后半部分，有一个自我激励检验。这个检验包含一个工具，能帮你识别你的处事风格、你生活各个领域的运作模式。它能从知和行两个方面——也就是信息和动力角度对你进行衡量。这两个指标将测试出你属于哪个角色模式，是乘客、批评者、竞争者还是领导者。

40. 常做个人优先事项轮算练习。

优先事项轮算，在自我激励检验那部分我也会具体讲到，这个轮算可以帮你检验出你在生活的哪些方面投放了更多精力，从八大方面对你的生活进行打分：心智、身体、家庭、社会、精神、事业、财务状况和情感。

41. 今天就开始，现在——不是下周，不是一月一号，不是假期后、生日后、月初后等——现在就开始！

如果你现在想……举个例子：减肥，那就立刻去做。不要一个小时以后再做，就在你想的这一分钟，就开始做。画一条时间轴，从此刻开始，改变饮食，开始专业锻炼。不要等到万事俱备才开始行动。你如果想看到效果，就立刻行动。

42. 创建一个实现目标所需的简易计划流程。

或者就干脆用我的：一定需求，二设优先，三定目标，等等。

43. 利用应用程序（软件）来改善日常习惯。

一定要找到最适合你的、最符合你个人情况的。我朋友托尼对数字特别敏感，最能激励他的就是数字。因此实实在在的数字和他是最合拍的，他平时就用数字来跟踪记录自己的收入和支出，把财务管理得井井有条。但是健康方面，他尝试了许多节食方案和健身计划，都徒劳无功。后来，他发现了一个应用程序，能通过数字跟踪记录每日卡路里摄入和消耗量。他每天都迫不及待地想看到自己的健康指数上升。这个方法对他奏效了，但是对我却不管用。我是那种对可视化结果更敏感的人，对我来说，每天看到实实在在的进步更能激励我。我妻子葆拉则是那种更容易在别人影响下获得激励的人，所以她健身的时候更喜欢叫上小伙伴，也更喜欢跳爵士操这种集体运动。你也要找出最合适你的方式。

44. 重新训练你大脑中的"小董事"（"小董事"指"执行董事"）。

它是在你思考过程中负责反复考虑和做出决定的那个模块，要尝试把它训练得更加出色。充分发挥你大脑的执行功能，合理地做出新选择，采取新行动，打破旧的行为方式。训练你的大脑，让它成为你最牢靠的同盟，帮你养成新习惯。锻炼批判性思维和战略思考能力。（读一读杰哈德·葛史·汪纳写的关于高效思维的新书。）

45. 探索新选项，并且要便于激活。

举个例子：你如果总是午饭吃快餐，那就去找一些更健康的替代食品，比如蔬菜汤。多喝白开水，别总喝苏打水。把你的味蕾格式化（重新调整你的口味）。橱柜里面多摆点零食的替代品，而且吃起来最好方便快捷一些。不要把健康的食品等常用物品束之高阁，放到你不翻箱倒柜都找不到的地方。否则，你就会因为图方便而屡屡就范，抓起你不应该吃的薯片、汉堡、比萨饼或炸玉米饼。这个道理同样适用于我们日常工作的习惯和工具。如果你坐太久了想四处走走，就请不要把场地选在休息室。

46. 对自己承诺，这个目标无论如何你一定会完成。

具体怎么完成随后再说。车到山前必有路，你要想尽一切办法最终完成目标。当你告诉自己，无论采取什么方式，正面解决也好，侧面迂回也罢，哪怕比我预想的要困难得多、耗时得多，我也一定会找到办法完成目标。如果你这样承诺自己，那么这种承诺会给你带来巨大力量。

47. 大胆跳，下面一定会有一张网接着你。

多年前我戒烟的时候，经历了三个多月痛苦的难熬期。不过到现在为止已经有 40 多年了，这期间我从没复吸过。决定了就去做——不要只是说说或只是试试，想办法做成。如果你已经绑紧了降落伞，起跳高度也已达标，那就大胆来飞机门前纵身一跃！

48. 盯紧你的目标，别理会别人的指手画脚。

取笑或挑剔你的人，几乎无一例外，都不会关注你成功还是失败。他们有自己的生活，已经够他们忙的了。所以，你每天盯紧你生活圈子里的那点目标就可以了。

49. 充实地度过闲暇时光。

堵在路上了？听听有声读物。去散步？慢跑？边走边听点励志故事、播客或音乐。睡不着觉？想想那个最近让你魂牵梦绕苦苦追求的目标。正在等客户？抓紧趁这个时间回顾一下之前做的笔记，再确定一遍目标，再多了解一下客户需求。发挥创造力，充分利用一切等待的时间。随身带着这本手册，时不时地拿出来做一做优先事项轮算练习，然后特别关照一下你生活中那些没有得到足够重视的领域。随身携带便笺纸和贴好邮票的信封，这样方便你随时写信寄给别人，可以写一些备注，或者只是写一句谢谢。

50. 把你的爱车升级成移动教室或讲堂。

把 CD 或提前下载好的资料放入车载系统，也可以订阅一些优质内容或励志频道，让你的上下班路途价值满满。调试好系统，随时准备调频进入学习模式。不要听那些以发泄情绪为目的的脱口秀，也远离那些歌词灰暗的嘻哈音乐。

51. 多约一约与你志同道合追求上进的小伙伴。

现在就约。多花一些时间，多和这些同样追求成功的人交往。行动起来，主动邀约。现在就开始吧。

52. 感到抑郁时，去为别人做点事吧。

永远不要让抑郁情绪成为阻碍你前进的障碍，无所作为是难过和抑郁情绪的助燃剂。行动推迟得越久，你抑郁的情绪就越强烈。所以，请打破情绪的束缚，开始行动，任何行动都可以，尤其是慷慨大方、解人所难的行动。

53. 更改你生活中存在的各种设置，消除干扰和麻烦。

不要让你的软件、收音机、手机的自动设置影响你的正常生活。重置这些设备的原始设定，这不是给你添麻烦，是在帮你。如果你不想被社群媒体铺天盖地的新闻所淹没，那就更改你的设置吧，通过设置把只有你感兴趣的信息推送到桌面上。

54. 去“天才吧”，寻求指导和帮助。

如果你发现有东西在阻碍你进步、限制你的成长，你又不知道该怎么办，那就去找专家帮忙吧。直接去门店或者拨打服务热线，雇一个专业教练，帮你解决这些问题。也许现在你的联系人列表里就有从事这一行的人，现在就行动吧。你还可以登录网站 Fiverr.com 寻找资源，也许花很少的费用就找到人帮你解决问题。

55. 聘请一个私人教练。

所有伟大的运动员为了取得更好的成绩，都需要教练的帮助。顶级艺人也是如此，优秀的歌手需要声音教练。你呢？你在哪些方面需要教练的帮助？做做功课，找个专业认证的教练或专家，从他们那里获得一些专业帮助，短时间内集中对你进行指导。就算你已经在所处领域列居顶尖行列，一个优秀的教练也能助你进一步提升。

56. 雇个小孩子。

也许你能找到一个愿意帮你的小孩儿，他可以灵活地帮你处理一些不复杂的小事，然后你给他点钱就行了。在你看来很少的钱，对这些孩子来说就是一个非常难得的大项目了。这么做既能减少你的工作压力，也能提高你的工作效率。

57. 学点你目前还不需要的技能。

随时准备好。你可能会问为什么。如果你问我，我也不知道，但是我知道你准备得越充分，你可能获得的机会就越多。所以，我建议你多学习一些通用技能和专业知识，尤其是那些能为你打开更多机会大门的技能。机会到来时，要让自己有能力把握住，甚至在你不知道什么时候需要、什么地方需要、为什么需要之前就开始学习。比如学习一门新语言。

58. 为机会做好准备。

童子军的口号“做好准备”对我们来说也是一个很好的座右铭。组装好工具，收集好信息，准备好供给，培养和保持好与成功人士的人际关系。每天多主动付出一些，先为别人创造价值，才能为自己赢得更大价值的机会。

59. 先搞定最困难的事。

正如丹尼·考克斯所说："如果你想一口吞掉一只青蛙，那就别盯着它看太久。如果你要吞掉的不只是一只，那就先从最大的那只开始吞起。"阿门，罪过啊罪过。不要让你害怕的东西搞得你一整天都惶惶不安。先把它们搞定，清除思想和情感上的负担。

60. 找人帮忙。

如果你遇到了麻烦，遇到了自己搞不定的问题，那就求助，寻求他人的介入和帮助。最快速地跨越障碍，消除阻力。把你遇到的问题大声说出来，让别人知道。

61. 想办法摆脱那些扫兴的东西。

乔尔·威尔顿是我的同事也是我的好朋友，和我那些年一样，他也是一个需要到处旅行的职业演说家。可是他一想到旅行的时候要拎手提箱，有时甚至要托运行李，就意兴阑珊，觉得扫兴极了，这一度让他讨厌旅行。后来他发现，他可以提前把自己的行李寄送到目的地所在的酒店。于是，他就这样为自己打造了一套出行体系，每次出门旅行，还没出发他就已经知道行李在目的地等他了，而他自己只需随身拎一个公文包就行了。现在的他开始渴望出门旅行，不必再担心头上的行李架没有空间，也省去了一下飞机就到处找行李的麻烦。让你扫兴的东西是什么？

62. 不要把事情都堆在一起。

我一年大概要出差 120 次，每次我打电话回办公室，总有一些员工在电话里说："我知道你打电话是让我们帮你查看一下邮件和电话记录，但是有什么事不能等你回来再说吗？"我马上在电话里回答："不行！现在就能处理的事就不要等。不然，等我回去看到堆积成山的工作，会吓出阴影的。我想回去的时候面对一张干净的办公桌和一份愉悦的心情。我们现在就搞定它吧！"所以每次我在路上给他们打电话时，他们总会在电话里说："马上，马上，我马上就去你办公桌……"很好！

63. 挑一条路。

你是不能同一时间处理多个任务的，多任务处理只是一个理想的概念。它只是把注意力从一个任务快速切换到另一个任务，而且在这个过程中，你永远无法保持最佳状态。所以，你要辨别你现在追求的主要目标是哪个。通常，在完成最主要目标的同时，其余的小目标也会跟着一起顺带完成。

64. 拖延症不是一种动力，它是奴役你的元凶。

如果你把事情拖到无法再拖、不得不做的地步，那做这件事就成了一件有压迫感的事情，那也就意味着你难以以最佳状态来做这件事。现在就行动吧，把你的待办事项列表清空，把事情一件件搞定。

65. 创建激励主题的播放列表。

挑选你最喜欢的音乐，然后按照节奏的快慢给它们分类，这样你就可以在做不同事情的时候放不同节奏的音乐。我朋友喜欢在环山跑步时听节奏强有力的摇滚音乐。他运动强度很大，放这种音乐能给他鼓劲。如果你正在寻找灵感，那就挑选节奏舒缓、歌词动人的歌曲。创建一个属于你的专属播放列表，给自己鼓鼓劲、加加油。我的播放列表里有几首摇滚老歌：海滩男孩的《我四处逛逛》、范·莫里斯的《昔日摇滚》以及猫王埃尔维斯·普雷斯利的《蓝色羊皮鞋》。（好吧，我知道我暴露年龄了。）

我是如何激励我自己的

“我时刻提醒自己，我生命中美好的事物都源于我当初做的决定。或者如有个比我聪明的人所写，‘一个人收获什么，取决于他播种什么（种瓜得瓜种豆得豆）’。如果我不完成手里的任务，那我的命运就交到别人手里了。没有什么飞来横福，你收获的意外之喜只不过是你每天一点点积累、播种的结果。”

巴里·班瑟

66. 发现你生活中的定式，然后中断它们。

我们大家在生活中都有许许多多的定式，工作定式、逃避压力的定式、沟通定式、营养定式等。你对自己生活的定式了解越多，你对你未来的预测能力就越强，而这个过程蕴含着你的机会。中断那些对你无益的生活定式，然后用新的生活方式替代它们，培养能助你完成目标的生活习惯。

67. 问问别人眼中的你。

心理评估中有一种方法叫作“360度评估”。这种评估方式要求你问自己一系列问题，然后再拿这些同样的关于你的问题去问别人，把你自己对自己的看法和别人对你的看法进行比较。通过这种方式，你能从多个角度和方面认清自己。从那些肯和你说实话的人先开始，进行调查。问问他们，看他们认为你做的哪些方面是有利于成长的，哪些方面是阻碍自己的。你会被你的调查结果吓一跳。

68. 读那些能给你带来启发的东西。

把那些催你奋进的资源放在手边。我妻子有一本《圣经》，平时就摆在桌边，每天早上醒来她都会拿来读一读，然后开始一天的生活。有的人则会每天揣一本口袋书，比如詹姆斯·艾伦的《人生的思考》，或者诸如关于简单真理或精彩生活主题的迷你小书。你也可以在周围贴一些鼓舞人心的人生格言或照片。要常看一看读一读别人说过的那些充满力量的话，让这些话影响你。

三个重要问题

如果今天的你是一颗橡子，那么有一天你长成一棵苍天橡树时会是什么模样？你如果想成为未来的你，那么你就需要预见一下你想要的未来。

分别用三张纸写下以下问题的答案。

你希望你的未来是一番什么模样？

您想做什么？想经历什么？想拥有什么？想成为谁？

问题一：想象一下你生活的全部，来一场头脑大风暴，列举一下你能想象到的想要的一切，把它们写下来。如果你不写下来，它们就不会实现。让梦想自然流淌，跃然纸上。没有任何限制——列举出你能想到的一切，无论你觉得可不可能。你有哪些梦想，或是宏大的，或是渺小的？就大胆假设一下，无论你想要什么，无论目标有多大，车到山前必有路，你都一定能想方设法让它实现。在回答问题二前先把这道题写好。

问题二：接下来，我们把你的目标限定到未来三年内。在接下来的 36 个月里，你想做什么、想拥有什么、想成为谁？写下来。

问题三：最后，让我们从限制性和紧迫性的角度改变一下设定。如果你得知你的生命只剩下六个月的时间，那么在接下来的这六个月里，你想做什么、想拥有什么、想成为谁？写下来。

这一整个过程的价值将体现你在这三个背景下是如何收获梦想的：在无限的未来、有限的未来以及迫切的当下。

顺便说一句，我让你拿出纸，认真“做”这套练习，不是开开玩笑而已，是非常诚恳认真的建议。请拿出纸认真地写下这三个问题，每张纸的顶端写一个问题。如果你看这本书的时候只是走马观花，不按照书上的要求做，那你是不会实现自我激励和改变思维方式的。“知”固然很重要，但只有“行”才能改变你的生活。没有人看你，你做什么全都取决于你自己。来吧，开始吧。你这是在为自己做事情。

回答完所有三个问题以后，再从头看一遍列表，看看有没有什么遗漏的内容需要补充。

在你完全回答完三个问题以后

下面，回顾一下你手里的三张列表，从每部分中挑出排名前三的目标或心愿，圈出来或标记一下，这九个就是最终入围的选项。九个选项可能互相有重叠，但无所谓，总之最终留下来的这几个就将是你的主要目标，就是需要你为之投入最多精力的目标。

你也许会发现这些目标之间有一些相似之处，标出你认为“迫切”和“重要”的目标，有的目标这两项都占，有的只占一项，先去做那些两项都占的目标。有时候迫切的不一定重要，遇到这种目标就大胆放手。那些很重要却没有被你标成迫切的目标，才是你要抓紧时间计划完成的。不要等到这些目标真的变得迫切了，你才想起来关注它们。

同时，还要标出哪些目标对别人更重要，而相比之下对自己没那么重要。如果这些目标对你没那么重要，那么就小心谨慎一些，做好决定，看看什么时候、用何种方式解决它们。

现在，你已经完成了这个练习，已经知道了当下对你最重要的事。如果你围绕着这九个目标（或者更少）来构建你的生活，那么这些目标发生的概率将会大大提升。

如何成为你所在领域万里挑一的人才（前 1% 的 1%）

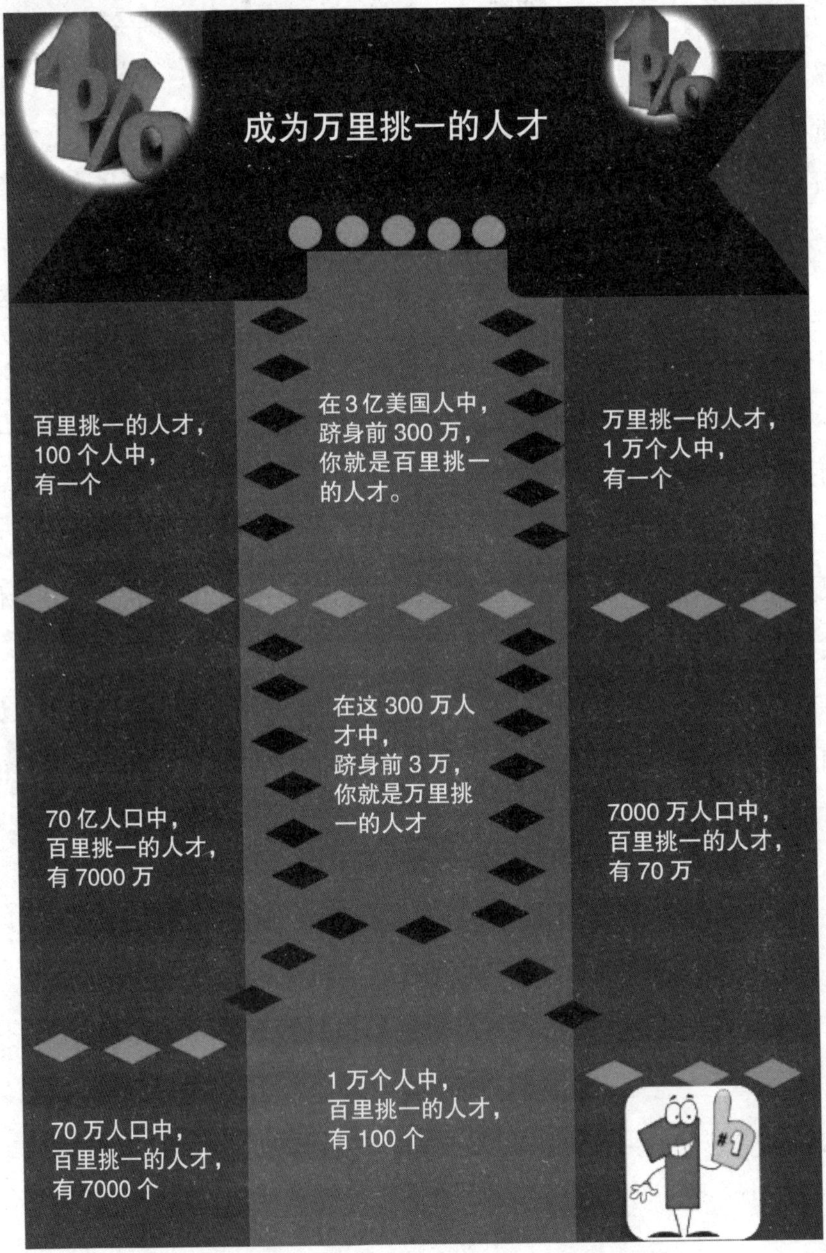

任何人都有能力成为行业顶尖的1%，不管你身体状况如何，不管你智力水平如何，不管你认识谁，也不管你能拿出什么上得了台面的本事。今天，你都可以决定让自己成为行业的前百分之几。

一百个人中，会有一个最成功的人，这个人就是行业最顶尖的人才；而一千个人中，则会有百分之一也就是十个这样顶尖的人才。以此类推，每一万个人中就有一百个这样的人才，同样按照百分之一的比例，每一百万人中就有一万个这样的人才。

如果你把目标设定为成为那一万个人里面的一个，你就已经很不错了，但相信我，你会做得更好。

如果再进一步，努力成为那百分之一里面的百分之一呢？现在成功已经开始触手可及了！也就是说你要在一百万人中跻身前一百。

美国目前大约有三亿两千一百万人口。这些人口的百分之一，也就是最顶尖的那百分之一，大约是三百二十一万人。从这百分之一人口里面再提取最顶尖的百分之一就是三万两千一百人。

也许，这三万多人当中就有你的位置，不过我们不能高兴得太早。

首先我们要弄清楚，我们所说的这三万两千一百人是什么人。

所有美国人中最顶尖的百分之一？他们会是钢琴家吗？会是铁人三项运动员吗？会是教育工作者吗？会是投资人？牧场主？演艺明星？最有钱的人？最大众的？最出名的？又或是最臭名昭著的？

你明白我是什么意思了吗？只有当你选择一个特定的类别进行比较时，这种衡量才有意义。

你如果把这个百分之一公式套用在自己选择的特定领域里衡量自己，再看看结果。

我坚信，在你自己选的那个领域里，你绝对能达到这个目标。我认识的人中已经有几百个人这样做过了。本书将告诉你如何做。

好了，你应该怎么做呢？很简单——简单但是不随意。

首先，选一个你想脱颖而出的领域，然后每天多投入一个小时的时间，学习这个领域的知识，不断练习所需技能。五年时间，你将至少为了掌握这门手艺投入 1250 小时的学习时间。这 1250 小时是你工作之外的时间。你日复一日的工作时间不计在其中。为了达到目标，成为百分之一中的百分之一顶尖人才，你每天需要在工作之外多投入一个小时的时间，专注学习、练习。同时，你还有必要学习一下白手起家的百万富翁具备的十大特质，这本书后面我会具体介绍。

音乐这条路

我们就先假设你选了音乐这条路发展，作为自己的目标，而之前你在音乐领域毫无经验。首先，你要“挑一条路”：你要先确定自己将专注于音乐行业的哪个分支，可以是音乐表演、音乐制作、音乐发行、市场工作、渠道、艺人管理、录音或作词。你还可以选择专注于管弦乐队、吹奏乐队、独唱、和声音乐、合成音乐、原声音乐、声乐、特殊乐器、编曲、指挥、演奏或音效合成。你可以做一个经纪人或者星探（艺人挖掘培养专家），或……你懂我的意思了吧？

这个行业太广了，你必须要选择聚焦于某个分支，才能取得高人一等的成就。不过就算你选择专修形式各样的音乐大类，也足以让你比绝大多数人专业了。

流行音乐的现场表演

你现在要成为顶尖中的顶尖，所以设个目标吧。我们就先假设你选择流行音乐的现场表演吧。你从哪里开始呢？不是舞台——那个起点太高了。你的起点最开始可能是帮乐队搭台子、运设备，或者是在初级唱片行和录音棚干活。你可能要拖地板、整理仓库，有时还要客串一下售货员和快递员。不过在这期间，你也将有机会好好学习一下乐器演奏和表演。

你不仅可以接触各种不同的乐器和音响设备，还可以通过这次学徒经历的历练，学会如何为一场出色的音乐表演渲染气氛。你将有机会认识很多音乐家，领略他们在技艺和气质方面的过人之处。你可以在短时间内了解提高音乐素养所需要的态度和习惯，避开那些不好的习惯，少走许多弯路。你还将学会如何与场地经理、俱乐部和剧场里的工作人员打交道。你将逐渐学会如何为场地和音乐家搭配最合适的设备。

如果你是一名以诚拜师、以心学艺的学生，你还会订阅一些音乐领域的杂志和网站，为了体验各种各样的音乐形式，观看和收听直播节目、录音、视频、播客，频频现身音乐工作室。你会加入行业协会，出席各式各样的行业会议，参与线上课程。你会像海绵一样，吸收一切与音乐有关的信息。

你会开始尝试与这个行业里面的人建立联系，搭建人脉。他们也将逐渐认识你，看到你身上好学和勤奋的一面。你会赢得他们的尊重和友谊。

在这不到一年的时间里，你不仅会了解到更多关于音乐行业的知识和信息，还将收获行业里的人脉和资源，而这些会继续为你打开更多的门。

要不了多久，你就会成为那个被别人咨询和请教的人，在你的专业领域内为他人提供帮助和指导。越来越多的人会找上门，邀请你参加各式各样的活动，而这些会为你带来更多的学习机会和更丰富的资历。你的音乐专业技能也一定会随之快速提高。你会以表演嘉宾的身份，坐在人头攒动的音乐厅中，为朋友即兴演奏，活跃气氛。你会举办自己的音乐表演，你会不断变得更好。

你看到这一切都是怎么积累、怎么互相促进的了吗？仅入行一年，你就可以通过这种方式取得突飞猛进的进步。第二年，你会接触到更多新的机会，对音乐有更深的理解。到了第三年，就会有人登门拜访向你请教。到了第五年，你就会成为你所在领域分支的领军人物。不久以后，你的名字将在你所在的领域如雷贯耳。也许你最终选择的是一条完全不同于音乐的道路，不过以上这些道理也同样适用。

最近某期《美国偶像》的冠军是一个出身贫寒的歌手，最开始她只不过是在家里和教堂门口唱唱歌，默默无闻。就是这样一个业余歌手，后来开车跑遍每一个海选城市，最终凭借自己的努力登上了《好莱坞周》并进入决赛。她靠着自己那一股纯粹的意志力，在海选比赛中脱颖而出。之后她虚心地接受指导和反馈建议，全心全意地将自己投入其中。是的，她有与生俱来的天赋，但是当时她还从未接受过系统的培训与训练，演唱经验也远不足以让她夺冠。不过她迈出了大胆的一步，秉持令人起敬的职业道德，怀着强烈的求知欲虚心接受导师建议，最终取得了成功。

《美国偶像》这类机会虽然对你我来说不具有普遍参考价值，不过我们可以参考这种成功的模式和过程，然后开拓属于我们自己的成长道路。

1. 确定你想要什么，你的梦想是什么？

2. 前进的路上从哪里开始都可以。如果要你从打扫浴室开始，那就打扫。

3. 虚心接受每个人的指导和建议。即使你有与生俱来的天赋，你也需要有相应的训练、纪律和经验来辅助你。

4. 坚持到底，无论成功还是失败。每一次失败都是下一阶段的开始。

马尔科姆·格拉德威尔提出“一万小时定律”，根据他的观察，任何一个领域的顶尖人士都在专业领域内积累了超过一万小时的练习、学习和实践。某些领域可能是这样，不过有些领域可能只需要 1250 个小时就够了。无论如何，日复一日大量的练习、学习和投入仍是通往成功的必经之路。

把这份投入和努力应用到任何一个领域，几年之内，你都能成为行业中的佼佼者。

我是如何成功的

我从小在美国南部阿肯色州的小石城长大。爸爸是一名电话维修工，母亲做家庭主妇。祖父祖母和我们生活在一起，此外我还有一个妹妹。我的祖父由于中风全身瘫痪，七年的时间，一直躺在前卧室的病床上不能行动。我的祖母一直照顾他。

高中毕业以后，我去了一所录取率高达 92% 的州立大学。两年以后，由于学业成绩不佳，我辍学了，然后开始在不同领域尝试不同的工作。我做过酒保、收银员、银行柜员、卡车司机、仓管员、临时工、夜总会歌手、甜甜圈销售员（是的，你没听错）、工厂工人和保险经纪人。

然后 1970 年，我结婚了，在这之后我又卖了一年投资理财产品，失败了。此后我又卖过车，在杂货店工作了一段时间，最终我在小石城市区重建局房屋署找到一份职员的差事。1972 年，作为一名公务员，我没有大学文凭，银行没有一分钱存款，也从没有取得过任何成就。在这种情况下，我再婚了，娶了一个带儿子的老婆，我的身材也逐渐开始走样。我之前做仓管员的时候练就了一副强壮的身体，不过后来有些超重了，而且影响到了健康。我没有任何领域的人脉，也不知道理想的生活和目标是什么。我当时一个月只有525美元的收入，对心理和行为学还一无所知。之后发生的事情，改变了一切。

有一天，我无聊地坐在办公桌旁，等待同样并不太忙的上司给我派任务。隐隐约约，我听到了隔壁收音机传来的声音。收音机里当时在放一个叫《正在改变的世界》的短节目，主播是“自我激励院长”厄尔·南丁格尔。他在节目中说道：“如果你每天额外花一小时在某个领域学习、深耕，那么五年之内，你就会成为那个领域的国家级顶尖专家。”

这句话就像一辆迎面开来的火车，让我顿时清醒。这句话确实“改变了我的世界”。我的思想和观念体系因此发生了变化。我想：“一天一个小时，五年就是超过1250个小时了。如果我能在任何一个领域坚持学习这么长时间，我一定能成为一名顶尖专家。”而在这之前，我从未想过我能在某个领域或某件事上取得什么了不起的成就。我曾想过做一个好人，过一份体面的生活，但是从未想过能给这个世界带来什么影响。不过他的话好像有些道理——也许按照南丁格尔先生所说的公式，我能成为一个了不起的人。

我想在哪方面成为一名专家呢？嗯，应该不是市区重建，应该与我历任在房屋署期间的工作没什么关系。

我越想越觉得，厄尔·南丁格尔做的事情就是我想做的。我想帮助别人成长，但是我对这一领域一无所知。

所以我记下了他的话，然后每天花至少一个小时的时间学习个人发展与自我激励的相关知识。我去公共图书馆阅读相关书籍：拿破仑·希尔的《动脑致富》、诺曼·文森特·皮尔博士的《积极思考的力量》、克莱门特·斯通的《积极心态带来成功》和戴尔·卡耐基的《人性的弱点》。

然后我从南丁格尔柯南特公司的 Harold Gash 那里得到了 48 个厄尔·南丁格尔的音频录音，最开始是采取租借的方式，后来我制定了一个付款协议，最终买下了它们。我开始每天疯狂地听这些磁带，连续三年，总共累计听了数百小时。这么做是为了重新训练我的思维方式和理念，进一步走向成功。

与此同时，我知道还要做一些除了看书、听磁带以外的事情，所以我加入了国际青年商会。我们在社区附近组建了新分会普拉斯基高地青年商会。我在其中非常活跃，最初的 20 个成员有 13 个是我招募的，而且在接下来的两年里，我总共出席了 400 多场青年商会活动。我服务过委员会，担任过主席，领导过项目，组织过队伍，在会上发过言、做过报告，出席过州会议，读过他们印的几乎每一本手册——而且这些事情我都不止一次做过。

短短几年的时间里，我从分会主席做到州会长，后来做到州副主席，而且因工作出色屡屡受到嘉奖。我做的所有这一切都是在我平日工作以外不图任何报酬去做的，我并没有丢掉我房屋署的工作。但是我的志愿者工作开始对我的主职工作表现起到了积极的影响，我做的所有事情几乎都得到了改善。

我的上司也看到了我的成长，把我升迁为理事会助理，薪水也涨了不少。这个大升迁没多久，我又因工作出色得到了另一个升迁，他们选我做了职工联合会主席。哇！两年的时间，我就完成了从职员到委员会助理的蜕变，还凭借着在志愿者工作中的优异表现，被选为了州会长，负责阿肯色州 280 个青年商会分会的个人发展项目。接下来一年的时间里，我辅助大卫·黑尔竞选为国际青年商会美国区主席。之后，我离开房屋署的工作，成为一名厄尔·南丁格尔培训项目全职销售员。

然后，又过了一年，美国国际青年商会总部邀请我申请领导力培训项目全国总监一职。我又因此搬到了俄克拉荷马州的塔尔萨市——我妻子的故乡。

我得到了一份新的工作，更多的薪水，年薪 12 000 美元，是我两年前赚的工资的两倍。1975 年时，这个薪水已经非常不错了。我要负责每年培训 35 600

名国际青年商会会员，手底下有一支200人的州级培训经理队伍。不久以后，我的年薪就涨到了18 000美元。我那时常常工作到深夜，因为我的住所就在总部大楼旁边，一壁之隔。我常常由于工作劳累，不知不觉就在办公桌上睡着了。

我是如何激励我自己的

“每当我想赖床不起时，我就会做个深呼吸，然后在脑海中想一遍我今天要做的精彩的事(可能是见一个有意思的人)，然后提醒我自己，我越早开始行动，我就越早能享受到这份快乐，同时想象自己兴奋的样子。”

菲尔·哥白沙克

不过，和我喜欢这份工作一样，我也同样享受这种工作强度。我们开始不断获得各种工作奖项，我也开始有机会和那些名人、作家合作。而几年以前，我还只是这些人的读者。我曾和《成功杂志》的发行人奥格·曼狄诺和老板克莱门特·斯通有过会面与合作。我还约见过美国演讲家协会创始人罗伯特。

我所有业余时间都花在了个人成长与发展的学习研究上了。我参加成人夜校课程，经常主持讲座，有时还在节目中特别客串一下每日思想领袖。我如饥似渴地读书，短短几年时间里读了几百本书。而且我和妻子和儿子的关系也在不断改善，我不断认识新的朋友，身材也在不断恢复正常。我坚定了自己的信仰，成功戒烟并开始每天跑步，成功减掉了24公斤的脂肪。我的世界彻底改变了！

在美国国际青年商会工作两年以后，我得到了一个去美国万通人寿保险公司分部做培训师和顾问的工作机会，工作地点在俄克拉荷马州的塔尔萨市。他们是通过我晚上兼职给塔尔萨专科学院上课这件事了解到我的。

聘用我的是美国万通的总代理乔·威拉德，也是我的良师益友，直到今天都是。他把我引进公司，帮助他培训和提高保险代理们的销售能力。我最终选择了离开国际青年商会，和他的公司一起搬进了塔尔萨的一间顶层豪华办公室。乔给我的薪水和当时国际青年商会的薪水一样，但是他还给了我外出兼职给其他人做演讲和培训的自由和机会。

我在 1976 年加入了当时新成立的全国演讲家协会（NSA），并开始学习如何像一个职业演说家一样练习和提高。正当我的演讲事业如日中天的时候，乔取消了我 18 000 美元的年薪，交换筹码是把办公室的使用权全权交给我来支配。我的演讲事业开始进一步壮大：1978 年赚了 28 000 美元，1979 年 64 000 美元；1980 年 89 000 美元，1981 年 108 000 美元，1982 年 130 000 美元。所有的这一切都是我在乔的机构任职期间完成的。在完成这些业务的同时，只要我人在塔尔萨市，我就会去乔的机构看看。通过实践这本书中讲到的自我激励法则，我在不影响给乔工作的同时，将个人演讲业务发展到了顶峰。

我成为 NSA（全国演讲家协会）中最活跃的成员，而且凭借多年的志愿者服务工作经验，我 1980 年被选为 NSA 全国理事会成员。这之后我便多次被选为各分支主席，履行过各种各样的职能，都是无偿的。但是与此同时，我的职业生涯也保持着同步发展。我雇了一个助理，和加利福尼亚州的一名大学教授兼演说家托尼·亚历山大博士建立了合作，事业得到了突飞猛进的发展。

从 1983 年 1 月搬至加利福尼亚开始，我已经能每年累计做 123 场有偿演说，一年的绝大多数时间都在路上。如果你 1974 年问我这一切可不可能，我的答案是否定的。我在小石村的时候从没想到过有一天我能成为一名全职的职业演说家和作家。

每个阶段取得的成功都为我打开了全新的大门，而和托尼·亚历山大的合作则像助燃剂一样，使我的事业得到了飞速的发展。我们成为全方位的合作伙伴，短短几年时间，我们和纽约主流出版社合作出版了一系列书籍，和南加州大学合作发布了专辑视频，演讲和培训业务开展得如火如荼，手底下还有一支由十个全职和兼职员工组成的出色团队。我们的办事处就在距离加利福尼亚拉荷亚海滩一个街区的地方，那里是世界顶级的旅游胜地。我们的收入实现了翻倍，而且，我们还在继续壮大。这才是生活！

有一天办公室的电话响了——是厄尔·南丁格尔！他读到了一篇我和托尼写的文章，还说要发表我们的音频专辑。

记得吗？我1972年通过收音机第一次知道了厄尔。1974年，我还在卖厄尔的培训课程。1984年，轮到他卖我的培训课程了！

1984年和1985年两年，我们通过南丁格尔科南特公司卖掉了价值350万美元的培训课程，主要是“差异化人际关系处理策略”这套课。我就是这样一路走来！

我的成功从那一刻起，开始不断迭代。如今，我过上了我以前根本想都想不到的生活。我以前预想过，我未来的生活会不错，但是并不知道会好到什么程度。我多次周游世界，四处巡回演讲，全球听众数百万计。最有趣的一次活动是2003年我在哈雷戴维森成立一百周年的经销商大会上做主旨演讲，主办方为我专门安排了一场“面试”，让我骑着摩托车三天时间穿越落基山脉。最有意义的一次经历是2010年，我应美国特奥会官方邀请，在开幕式上面对13 000名观众和3800名残疾人运动员，以主讲人的身份发表主题演讲。

1988到1989年，我在做全国演讲家协会主席时，曾邀请厄尔·南丁格尔和我一起同台出席在达拉斯举办的全国年度大会，有约1500名职业演说家参加，我想在会上与厄尔进行一次对话，请他分享一下他在个人成长领域的经历与经验，他最开始同意了。然而就在同年5月，传来噩耗，他的妻子戴安娜给我打电话说，厄尔去世了。我当时呆住了。

戴安娜继续在电话里说，她想在我们演讲者大会上为厄尔举办一个追悼仪式。我说：“当然，这是我们莫大的荣幸。”戴安娜想让我主持这个仪式并发表演讲，我回绝了。我说：“不，这应该由厄尔认识的行业领头人和全球领袖来主持，我还不够资格。”她纠正了我，说道：“吉姆，你就是厄尔究其一生打造出的最佳案例。正是你，按照他的指引，彻底改变了自己的生活，这就足以让你有资格和我一起主持他的追悼仪式了。”

这是我得到过的最大的荣誉，在厄尔·南丁格尔的追悼仪式上，作为唯一的发言人，站在他的遗孀身旁一起通过幻灯片和丹尼斯·魏特利博士发来的视频回顾他的一生，追忆关于他们生前的故事。厄尔的儿子大卫那天也在观众席中。我悲痛得不能自已。至今想起这件事，我都会眼角湿润。

没有什么能使以前的我相信，今天发生的一切是有可能的，除非这一切就确确实实地发生了。如果你曾怀疑，自己的未来能否和梦想的一样，那么请打消疑虑，鼓起勇气——所有金字塔塔尖的成功者都曾在人生的某一阶段通过总结自己走过的路说出过一句这样的话。

你也能做到！你可以参照这些成功法则，改变你的世界、你的世界观和生活，正如我所做到的。我不是什么天赋异禀的天才，不是天生的运动员，不是天生的销售，也不是什么背景显赫的社会名流。我父亲就是一个修电话的维修工，我高中毕业时在全校 430 个学生中排名第 176。**你可以做到。**认真选择一个属于你的领域然后把此书的理念应用其中，每天坚持。直到有一天你会突破那个临界点，然后你的习惯将发生变化，机会开始层出不穷地出现，你的生活将就此改变。

选择一个属于你的领域，现在就下定决心成为那个领域的绝对权威，然后每天多额外抽出一个小时专注于个人成长，直到将梦想变为现实。你就是那百分之一中的百分之一顶尖人才。你值得取得这样的成就。你想要什么，你就一定能得到什么。现在就用行动去争取吧。

先把书合上，去把你想要的用笔写下来。我会在这儿等你回来。

成功路上没有单打独斗

不要什么事情都想完全依靠自己的力量解决，找到志同道合的人结伴而行。

智囊团的力量是巨大的

你可以组建一个由相似思维的人组成的团队，寻找和你一样专注于自我提高和成功的伙伴。拿破仑·希尔称之为“智囊同盟”。这不是要你一开始就去寻找各个领域的顶尖人才，相反，这是一个成功路上的同行者们通过合作寻求共同成功的过程。每个人都一定在某些方面胜过你，又一定在某些方面不如你。今天就开始增加你和周围同事的沟通，尤其是那些你特别欣赏的同事，然后考虑和他们达成合作。

想象一下如果你背后有一支强大的顾问团队集中精力共同帮你成功，你会取得一番什么样的成就？我的一生就是一群了不起的小伙伴共同努力合作的结果。

我在演讲家圆桌论坛有过29年不平凡的经历。期间，我有幸被邀请加入了一个了不起的20人小团队，在1986年，这个智囊同盟只接纳被邀请的成员。在演讲家圆桌论坛，由于个人生活及其他各方面因素的变化，论坛成员们走的走、来的来，流动性非常大。但是我们这个小团队始终不超过20个人。团队成员能聚在一起，是因为大家有相似的心态、思想和成就，在过去两届成员中，我们当中还出现过几位当时最杰出的演说家。大家在一起开会、讨论，总是妙语连珠、发人深省。通常，在一场为期三天的年度会议中，你会和大家一起讨论你事业或生活中遇到的问题，然后寻求那些40多岁、50多岁、60多岁甚至80多岁前辈的建议——无论你遇到什么问题，你总能从这些经验丰富的“老司机”当中得到中肯的建议，这些老前辈可是外界花重金都难以请到的。

我非常幸运，在过去的30年时间里能和这些思想和心灵上的大师建立友谊和合作。

仔细权衡你的职业发展道路，在你提高技能、寻求职业发展的过程中，你能和谁建立联系、共同成长？

补充一句，这里不是让你直接申请加入演讲家圆桌论坛，这么做没用。你要等待组织中的成员邀请你。我们建议你根据自己的原则和风格，组建自己的团队，然后可以从我们的例子中学习一些经验。

SPEAKERS

ROUNDTABLE

www.speakersroundtable.com

演讲家圆桌论坛（SR）成立于 20 世纪 60 年代，是一个实行会员邀请制的专业协会，创始团队由 20 个世界顶级的职业演说家和主题专家组成。SR 会员既有百万美元巨头公司的 CEO，也有优秀中小私企的创业者。他们当中有畅销书作家、培训师、艺人、名人堂运动员、战斗英雄、大学校长，还有演讲教练、商务专家、专业顾问等。他们无一例外，都是白手起家走向成功的典范。

他们中的每个人都是经过数十年的努力，凭借自己的自律和创造力，建立了自己的事业。而今天，他们想在世界范围内把自己的经验传递给每一个人。

目前，这些会员总共写作并出版了 160 本书，包括很多国际畅销书籍，发表了超过 80 000 场专业收费演说（截至 2016 年）。

接近更加励志和成功的人

最近我在为一本有声杂志做主持人和发行人，书的名字叫《经验的声音》。它面向的对象是美国演讲家协会（NSA）——世界范围内4000多名会员。每个月我都会采访那些成功的企业家，听他们讲述励志的成功故事——绝大多数是白手起家的百万富翁的故事。那一年我总共采访了100个人，然后把采访内容编辑好，以月刊杂志的形式发布出来。

除了做VOE（《经验的声音》）以外，我还常年在加利福尼亚州千橡市的舍伍德乡村俱乐部做“沙龙”主持，为大家组织讨论。我们把这个地方叫作“舍伍德厅”。通常，沙龙会包含几轮讨论，每轮两个小时，一群有奇思妙想的人坐在几间客厅里谈笑风生，讨论重要概念。我会时不时请来几个在各自行业知名的贵宾，不过常常聊着聊着就发现这些参加沙龙的会员比我请来的贵宾还要引人注目，令人印象深刻。我请过的贵宾有航天飞机总指挥、宇航员、电影明星、音乐制作人、职业艺人、哲学家、作家、全球各领域领军人物、知名特技演员、托马斯·爱迪生的故友、心理学家等。参加沙龙的会员同样来自各行各业，有亿万富翁、科学家、发明家、国家大使、奥林匹克运动员、音乐会演奏家、大学教授、各国领导以及一些杰出组织的创始人。我们在一起探讨深刻理念，分享彼此的故事。

此外，我还在加利福尼亚文图拉的一档交通广播中作为客串嘉宾主持了一季节目，主要是在节目中采访一些大家耳熟能详的商界名流。简而言之，我学习的对象是成功者中的成功者。

白手起家的百万富翁的十个主要特质

下面是我的观察和总结。我采取采访对话的方式，每个采访大概半小时的时间，受访对象有100多个，来自各行各业，主要包括名人、奥运冠军、灾难生还者、互联网营销专家、公关造势专家、登山者、脱口秀主持人、企业家、发明家、投资人等。通过采访对话，我发现了许多有意思的事情：

1. 没有一个人的成功是偶然的。没有谁是一不小心跌进成功的大门的，没有一个人。他们每个人，无一例外，都是在有意识地、精心策划自己的成功。

2. 面对成功，他们都是贪婪的学生。他们一直在持续读书、聆听、观察、反思、研究、参加各种会议，经常把身边的人拉过来问："我能问你几个问题吗？"

3. 他们每个人都会按照需要刻意调整自己。他们会用客观的眼光看待自己。你常常能从他们口中听到："这个好习惯见效了。那个恶习在阻碍我。"然后这段时间他们会对自己做出改变。

4. 没有一个人是单打独斗的。他们会以一种巧妙的方式与他人建立联系，让彼此的能力和优点得到最大限度的放大，而不是逞强，一副自视甚高的样子。他们会想办法让自己变得更强，并试图和身边的人建立良好的关系。

5. 他们之中最成功的那部分人会精心设计自己的工作时间和安排，把大块的时间用于做自己适合和擅长的事。他们会非常谨慎认真地利用每天的时间，让自己的核心技能在黄金时段得到发挥，因为他们知道这样做能使他们的收入呈指数级增长。此外，他们还会把自己不擅长的事情外包给其他同事来做，或者干脆交给应用软件，用业余时间来做。

6. 他们都渴望把自己学到的经验分享给其他人，只要接收这份慷慨的人足够虚心且踏实肯干，他们就变得异常慷慨。换句话说，他们不愿意把时间浪费在不想学习又懒于行动的人身上。不过，对于那些渴望成长、踏实肯干的人，他们是非常愿意投入时间和精力为其提供帮助的。

7. 他们当中最成功的人也往往是最值得信赖和最讨人喜欢的人。也就是说，他们都是好人。人们往往有一个错误的观念，认为那些有钱和有权人只不过是专门压榨人的机器，是一群缺德的混蛋——但是事实却恰恰相反。绝大多数取得绝佳成就的人，如果你认识他们，你会想把自己的孩子托付给他们抚育。

8. 他们会假设总会有一个成功的办法，不管前方的障碍看起来有多么难以跨越。换句话说，他们都是乐观主义者，他们敢于大胆直面现实，但同时又会在心里默默安慰自己：总会有办法的，只要我一直寻找，总会有办法的。

9. 这些成功的人始终能做到心中有数，他们会把自己的成功量化。他们会跟踪记录自己的进步和各项比例和指标，然后看总结报告，他们总能清楚地知道该给自己做的事情“打多少分”。

10. 他们对在各自领域取得成功有着坚定的决心。他们的决心非常坚定，无论多久多难，他们都不会改变自己前进的方向，直至穷尽所有努力和可能性。他们会想尽一切办法想出解决问题的方法，然后在原来的道路上继续坚持，直到把问题搞定为止。

这些特点哪些可以用来描述现在的你?

你可能有一些和这些人相同的特质，但是你如果想取得和他们同等程度的成功，你还必须要反思自己有没有和他们一样正确的态度。

这些白手起家的百万富翁，似乎每个人都能坦然地看待并接受自己的局限。他们总会说：“我不擅长这个。”丝毫不掩饰自己的不足。他们只会考虑可行的替代方式，比如看着一辆车然后说：“它跑得再快也飞不起来。如果需要快速出国，我想我得找一架飞机。”

我们应该也按照这样的思维来做事。想清楚你最不擅长做的事情，然后寻找工具或信息去弥补，或者干脆外包给别人，找个人帮你。

采纳这些成功者的智慧吧，然后把它们应用到你自己的工作和生活中。想要成为智囊团成员，要符合的主要特质之一就是要保持开放的心态，要敢于承认自己的脆弱，要坦诚地告诉别人你正在做的和你真正想要做的事情。然后别人才能给你真实且富有建设性的反馈，帮你渡过难关。就算最成功、最辉煌、最有见识的人也会有恐惧和抑郁的时候。但是他们不会让这些情绪持续太久，因为他们不会沉溺其中。

让内心之火燃烧！

任何一项事业，想要取得蓬勃发展，都要设立一个比成功还要远大的目标。金钱只是激励方式的一种，一种永远无法得到满足的方式。而金钱以外的激励方式总是作用甚微，除非你有更高层次的目标感、事业心和使命感。

下面是两个例子：

一个是世界顶级豪华酒店的例子，另一个是迪士尼乐园的例子。这两个例子中的两位领袖……豪华酒店的创始人伊萨多·夏普和已故的迪士尼创始人华特·迪士尼，都是这方面的大师。公司成立初期，在人员到位、体系完善、硬件齐全以后，他们意识到下一步的工作和之前性质完全不同了，下一步的工作目标是卖愿景。于是他们开始每天向顾客灌输他们事业的重要意义，兜售自己的愿景。迪士尼的愿景是打造地球上最快乐的地方，夏普的愿景是为顾客带来非同凡响的体验。

几年前，有一次在飞机上，我坐在肯尼·奥特加旁边。肯尼·奥特加是拉斯维加斯市贝拉吉欧酒店动画音乐喷泉的设计者，他还策划过米特罗姆尼执政盐湖城期间举办的那届冬奥会的开幕和闭幕式，同时他还是《迈克尔·杰克逊：就是这样！》纪录片的导演。

我对肯尼说："我觉得对于一个开闭幕式的设计者兼策划师来说，面对台下数以万计需要你去带动的观众，最具挑战的地方在于保持每个人内心的火焰始终燃烧。"换句话说，就是要让每个人从自己的事情中暂时脱离出来，让他们认识到自己也是这场奥运会不可或缺的重要组成部分。

肯尼说："哦，天哪！"我说："怎么了？"他说："从没有人发现这一点。你说的正是我工作的主要内容。"就是这个道理。

我们做企业的也是这个道理。我们团队的主要目标应该是什么？是让大家理解、认可我们组织的DNA。什么是一个组织的DNA？就是一个公司的基因代码，包括愿景、使命、理念、目标、标准和我们经营公司的定位。

> **我是如何激励我自己的**
>
> "再多走一步，拥挤与开阔仅一步之遥。"
>
> 乔治·W. 福斯特三世

当顾客因为内心的梦想而掏腰包时，他们购买行为本身也构成了交易的一部分。而当你追求的仅仅是别人的顺从时，你得到的只不过是一个个披着人皮外衣的机器，这些机器只有在你的时刻督促下才会运转。有时这些机器之所以很听话，是因为它们已经运转了一天，筋疲力尽，此刻只想做其他事放松一下。如果你既想赢得他们的身，又想赢得他们的心，那就要先打动他们。这个道理同样适用于你我。

目标是如何发挥作用的

你如果设目标时就已经知道该如何达成目标了，那你设的就不是一个真正的目标。如果你已经知道了该如何做才能达到这个目标，那它最多算个"待办事项"。一个真正的目标应该超出你的能力预估范围，你不知道该如何完成它，这才能不断激励你突破自己的极限，逼迫你去寻找更好的资源，最有效地利用已有资源并寻找新的办法。如果你对自己能否成功一点恐惧和焦虑都没有，那你很可能没法获得最佳的成长。

做到下面这些很重要：你不需要知道具体该怎么做才能达成目标，你只需要确定你到底是不是真的想达成这个目标。

把目标想象成一块磁铁，如果这个目标不明确，没有被赋予足够的决心，那么它就没有磁力。目标就是你脑海中闪现的东西。一旦你下定决心实现它，一系列问题就会接踵而至：获得资源、应对挑战、解决困境。在这个过程中，你会发现一个又一个答案，自然而然，水到渠成。

据我的观察，就连美国演讲家协会的创始人罗伯特（61 岁时发表了第一次收费演讲），以他 89 岁的高龄，也还在不断学习。每次研讨会和演讲，他都坐在第一排，认真记笔记，从每个人身上学习技巧。“个人激励之父”厄尔·南丁格尔，直到去世前最后一刻，都一直以学生身份自居。

我内心真正欣赏过的人无一不都是如饥似渴的学习者。学生心态比旁观者心态更能让我们学到更多。

智慧是什么

智慧的核心是区分能力以及识别细节、模式和原则的能力。如果你想在事业、财务状况或人际关系方面变得更加有智慧，你要做的第一件事就是从宏观角度把握事态发展的趋势——然后聚焦具体模式。多问一问：“我该用什么方式去了解它？我应该使用它吗？这么做会导致什么结果？”人们应该多从多米诺骨牌效应角度思考问题，而不是仅仅考虑多米诺骨牌本身。

正如你前面读到的，1976 年我 30 岁的时候，体重 90 公斤，身高 175 厘米。我现在的体重是 68 公斤。1976 年，我受够了肥胖，开始决心减肥。当时的我每天抽两包烟，根本不运动。我说过：“过去几年，我已经不止一次证明过我能成功节食，所以这次我不想刻意节食了。我想成为一个身材匀称的人。”

我和身材匀称的人比有哪些区别呢？不仅仅是体重的差别，还有生活方式、习惯以及思维模式的差异。我花了三到五年的时间重新构建了我对我自己、对饮食、对生活、对日常行为习惯的思考方式。那段时间，我听励志节目，重复那些积极的段落，阅读书籍，不断培养新的行为习惯并取得了效果。

就这样，我从一个嗜烟如命、从不锻炼的大胖子变成了一个身材健壮、体重 67 公斤的运动健儿。我戒掉了吸烟的恶习，香烟、卷烟、烟斗，从我的生命中永远消失了，永远。我不是努力戒烟——是彻底戒烟。我扔掉了所有烟灰缸和打火机，然后告诉我身边所有朋友：“我这辈子再也不抽烟了。”

当然，我也度过了长达三个月的心理和身体上的戒断期，那个过程是很痛苦的。在那之后，我感觉被释放了。现在我每周抽出三天时间沿着山间小路跑步，剩下的时间则每天会去健身房锻炼。我骑摩托车，是酒吧专业的摇滚歌手；同时我还是一个活跃的职业演说家，跑遍全球四处演讲。

你不需要制定什么新的、当下流行的食谱。所有食谱都强调一个相同的原则：减少摄入那些对你有不良影响的食物，加大对摄入卡路里的消耗。其实你早就知道该怎么做了——只是需要开始行动的决心。现在开始，朝着你的主要目标前进吧。

你预见的未来决定未来的你

每天问自己一个问题，你想要成为的那个人，他会以何种方式做你现在要做的事呢？橡果法则告诉你，你体内一直生长着一颗未来成功的种子——所以滋润你天性的种子吧！

在你把橡果法则运用到生活中的过程中，你的生活也将变得更加丰富充实。在你“滋润天性”的同时，那些你想要的结果也会找上你。你最终成为的那个人，会吸引所有你想要的人脉和机会。你会突破到一个你从未预料过的极限，仿佛有无限的可能。你会经历很多伟大的时刻，感觉受到了上帝的某种眷顾，好像自己就是那个独一无二的人选。当你全身心地投入个人成长的过程中时，你会被不断发生的惊喜吓一跳。

成功不是一场竞赛，也不是一座要你必须艰苦跋涉的高山。成功是你与生俱来的权利。它是一种自然的生存状态，是你需要努力争取它，有时甚至需要培养原本没有的新习惯。但是个人成长（追求成功人生的自然过程）不是痛苦不堪的，是趣味横生的！

随便找一个生活得充实快乐的人问问："不断培养新能力，塑造最好的自己，是一种什么感觉？"他们会沉默片刻，然后微笑着告诉你："感觉好极了！我想不出比这更好的生活方式了！"

第三部分

反垂直思维训练

——268堂一分钟自我激励课

你对自身行为产生的尊敬和赞赏越多，你主动完成目标行动的可能性就越大。

268 堂一分钟自我激励课

开始每天从这些小贴士中挑一条来读，提高你的思维层次，时刻提醒自己努力成为你想成为的人，完成你想完成的目标。

每读一条一分钟课堂，就给自己写一个行动说明。

最好的激励自己的方式之一就是努力去做最好的你，以最好的你的标准来规范自己的行为。你对自身行为产生的尊敬和赞赏越多，你主动完成目标行动的可能性就越大。

1. 你在哪里？

是不是觉得这个问题有些愚蠢？你不就在这儿，就在此刻你坐的位置吗？但是，究竟哪一部分才是“你”？你的身体是你吗？你的大脑是你？你的行为，你的观点，还是你的思想是你？究竟哪一部分才是真正的“你”？

在我看来，“你”是栖居在你身体里的生存状态，而不是你身体本身，是占据你大脑的思维模式，而不是你大脑本身。否则，为什么我们张口闭口说的都是“我的身体”“我的大脑”“我有一个想法”？此外还需要有一个存在主体，统领这一切，统领你的生存状态和思维模式。这个存在主体就是真正的你。

你是你身体的主人。你可以控制你的思想，决定你的行为，选择你想培养的习惯，然后成为一个前所未有的你。或者你也可以放弃这种自我塑造的能力，听天由命，顺其自然。我建议你，承担起对自己的责任。

下次你再说：“我想……”，停下来提醒一下自己，你不是你的思想——而是你思想的操纵者和引导者。当你再说“我超重”时，打断自己然后更正一下，“我的身体现在超重”。只要你肯选择，你就能改变。人没有胖人、瘦人、高人、矮人之分——只是身材有不同的类型。真正的人是我们身体里那个自由的灵魂，他有选择思想和行为的自由，能通过改变让自己的生活更加美好，无论出身如何。

看了这个观点，你会采取什么行动？

2. 你应该花时间感谢谁？

你越经常发自内心地感激别人，你遇到的美好的事情就越多。

我去年在回顾自己这一生经历的转折点时，想起了一个叫比尔·韦伯斯特的人，他是我 20 多岁时在家乡银行遇见的一位信托员。当时，我非常想成为一名银行的信托职员，所以我找到了比尔。

他给了我一本关于信托业务的书，然后让我读过以后再给他打电话。我回去如饥似渴地把这本书快速读完，三天以后，给他打了第二次电话。不久以后，他就成为我的入门导师。

我前几天还打电话给他，问他还记不记得我。他说：“记得，我还记得。”我告诉他这么多年过去了，我非常感激他当年对我的鼓励。

他在电话里告诉我，说我的电话来得太是时候了。他最近经历了一场中风，还处于第一阶段康复期，物理治疗师正在来的路上。然后他感谢了我，感谢我同样鼓励了他！

你应该花时间感谢谁？

3. 第一次就把它做对！

你有没有留意过你一天花在复查、返工、纠正上的时间有多少？

如果每个人做事都能一遍做对，那这个社会就不需要监管了，过失和疏忽保险也将被废除，大多数诉讼案件也将不复存在。仅仅做到第一次说一不二、信守约定，我们就能省去一箱箱法律卷宗、一道道监督审查和一篇篇跟踪记录的烦琐流程。

前阵子我们装修房间时，窗帘，一而再再而三地测量、调整；空调，打了三个客服电话都没修好。哎……你可以脑补一下当时的画面。

一件事情如果没做好，会带来一系列损失：

（1）前期工作耗费的时间和资源。

（2）为了纠正问题（打电话等）的联络成本。

（3）误工或返工带来的损失。

（4）你因此错过的在其他工作上可能带来的成果。

（5）机会成本的丧失。

（6）顾客忠诚度的降低。

（7）因为拥有而产生的自豪感不再完整。

以牺牲质量为代价不仅是个坏主意，还会毁了你的生意和事业。让我们全世界共同倡导“高品质工艺”，从你我开始。

看了这个观点，你会采取什么行动?

4. 活出你的信仰

一个周三的早上，比尔·帕特里克给我打电话说：“你下周日得过来帮我布道。”

我笑出了声。我又不是牧师，连教堂的执事都算不上。

我马上告诉比尔，让他找别人来做。

但是比尔坚持，说我就是最适合做这件事的人。他说：“吉姆，以你的能力、经验和信仰，一定能完成一次非常好的布道，我想你帮我做这件事。我要去波士顿了，现在除了你，我找不到合适的人替我做这件事了。我为整个过程写好了框架，把所有你需要知道的信息都写在旁边了，你只需要按照上面的说明来做，就能顺利完成布道。”

在一阵焦虑和祈祷过后，最终我看到了一段话。

下面就是这条周日布道词的主要内容框架：

（1）明确你相信的是什么。

（2）探索并验证你所相信的。

（3）按照你相信的去生活。

每个领域，我们都要知道哪些东西是我们坚信不疑的，然后通过学习和试验反复验证，最后，全力以赴、不遗余力地践行我们坚持的信仰。

言行一致，活出信仰。

看了这个观点，你会采取什么行动？

5. 近乎偏执地投入

每一次伟大成就的背后必定伴随着一段近乎偏执的投入。如果你和你的目标之间有一道巨大的鸿沟，那么弥补这段差距唯一可行的方式就是近乎偏执甚至极端地投入和努力……起码初期要这样做。

“适可而止”不是成功的秘诀。一个人也许能通过适可而止的锻炼“保持”身材，但是没有人能通过适可而止的锻炼“改变”身材。伟大的运动员都是偏执狂——他们到得比竞争对手早，训练结束得却比竞争对手晚，所以他们能赢。他们会学习热爱自己的事业。

在开创一项全新事业时，它会牵扯你所有的心思。每个人都是某种前途或资源的象征。起初接触一项事业时，你会疯狂地扑在上面。

然后你全身心地投入到一个目标中，激发自己全部的潜力。然后，一旦你弥补了这段差距，你就可以“适可而止”地工作了。不过为了到达金字塔顶端，请你一开始就倾尽全力——做个偏执狂。

看了这个观点，你会采取什么行动？

6. 让它过去

昨天发生的事情会多大程度上影响你今天的心情？影响你今天做事情的效率？你会带着多重的包袱开始每一天？你会把怨恨或者被背叛以后的心结、侮辱又或是过去的伤痛带到今天吗？

让它们过去吧！

我不是不讲人情，也不是让你忍气吞声，我是想告诉你，这些生活中的“包袱”有时会影响我们生活的质量和效率——真的没必要这样。

想一想这些年你把多少大好时光和精力浪费在沉湎过去上了？你讲过多少关于自己如何被冤枉的故事？或者控诉别人有多坏？要我说，现在是时候把它们忘记，继续开始生活了。今天的肥皂剧就此打住，接受发生的事实吧——然后感谢上帝，一切都过去了，明天可重新翻篇继续生活了。

我曾经听过有人说过：“永远不要与人诉说你的苦恼和麻烦，因为一半的人听了以后会觉得他们比你还惨；另外一半人会幸灾乐祸，看到你有麻烦很开心。”所以，过去的事就让它过去吧，继续你的生活。

看了这个观点，你会采取什么行动？

7. 惩罚没有用

据我的观察，惩罚几乎一点用也没有。惩罚的目的本来是防止人们重复犯同样的错误——但是并没有奏效。

不过有一件事，惩罚奏效了，那就是制造恐惧和憎恨。它会让我们的惩罚对象想方设法以后绕开我们，逃避惩罚，但是并不会使他们因此而停止错误的行为。

如果惩罚有效，那监狱就能带来好结果了。罪犯入狱，服刑，然后出狱以后成为对社会有贡献的栋梁之材。但是事实并非如此，现实中，犯人入狱，服刑，然后往往会进一步加深犯罪心理，学会如何逃避抓捕，然后大多数罪犯出狱以后又会再犯罪。

我同意，人都应该为自己做过或该做没做的事承担责任。但请允许通过调整处理结果来修补行为过错，让犯错的人有机会纠正他们的错误而不是一味地接受惩罚。如果你夺走了别人的财产，还回去。如果你伤害了别人，尽力去弥补伤害。知错要改。

我们要以公正和同情的心态面对已经酿成的错误，但是我们也必须确保各方吸取教训。人只有在感到自己有责任时才会吸取教训，而不是在被惩罚时。当然，邪恶之人需要与别人隔离开，但是这样做绝不是为了惩罚他们，而是为了我们自身的安全。

看了这个观点，你会采取什么行动？

8. 酒吧里的智慧

在加拿大艾伯塔省的埃德蒙顿，我曾在一间夏洛克·福尔摩斯酒吧的墙上看到过一段引言：

“人生不应该是你一辈子四平八稳、寿终正寝之后望着坟墓中完美无缺的自己唏嘘不已。它应该是你摇摇晃晃地来到路边，一手夹着支烟，一手把着瓶你最爱的酒，喝得酩酊大醉，什么也做不了，什么也不想做，兜里的钱花得一分不剩然后大声地喊：‘啊，这才是生活！’”

这样的人生态度是不是很洒脱？不过，我当然不建议你喝得酩酊大醉，但是我觉得我们应该活得潇洒、彻底一些。如果你有什么东西想要尝试一下，就把它放到你的清单里然后大胆地去做。不要只是沿着别人留下的车辙亦步亦趋——去开辟一些全新的路线吧。就像厄尔·南丁格尔曾经说的：“陷入车辙就如跌入坟墓，两头一堵，死路一条。”走出你的习以为常的生活惯性吧，去彻底、充实地生活。

如我前面所说，人活一世是为了生活，真真正正地生活！

看了这个观点，你会采取什么行动？

9. 说“谢谢”是不够的

只说一句“谢谢”往往是不够的。当我们想感谢别人时，我们应该确保对方收到我们的谢意——不仅是听觉上，还有情感上。哪种形式更重要呢，是我们说“谢谢”，还是让对方“感受到谢意”？

其实，我们在感谢别人时，最应该重视的是我们的感谢给对方带来的影响，而不是仅表达一下感谢的意图。

下面有几种方法，能让你表达感谢时不再仅浮于语言表面：

（1）发一封手写的信函或纸条。

（2）提及一下对方值得称赞的行为。

（3）朝对方微笑并用肢体语言表达谢意。

（4）做点事情去报答对方。

（5）表扬对方优秀的品质和特点。

（6）表现出足够的尊重。

（7）尊敬对方。

（8）很长一段时间过去仍然记得对方对你的慷慨帮助。

我听过的一条最好的关于表达感谢与付出的建议是：“不图回报地帮助别人，不忘报答地接受帮助。”

记住那些真正让你内心愉悦和满足的事就可以了，其他的就让它们随风而去吧。

知恩图报的品性是最值得信赖的品质。

看了这个观点，你会采取什么行动？

10. 乐观是最好的态度

乐观主义者和悲观主义者的区别是什么？简单地回答：乐观主义者总在寻找更多的可能，而悲观主义者看到的总是各种局限。

但是我敢和你打个赌，你几乎找不到一个主动骄傲地承认自己是悲观主义者的人。他们觉得乐观情绪有的时候是对某种客观局限和不利情况的疏忽和否定。所以悲观主义者往往会说：“我不是一个悲观主义者，我是一个现实主义者。”然后他们会继续拉着你跟你解释你这个项目哪里哪里“肯定不行”。

好吧，现在让我们揭开幕后之谜，好好看一看悲观主义者。悲观主义者就是不愿意承认自己悲观的现实主义者！

我认为乐观主义是唯一具有建设性的思维。我们遇到困难和障碍时，需要看清它们的本质，它们只不过是临时存在的限制。我们必须要明白尽管生活中有许多痛苦和不安，但是生活还是充满意义和希望的；对于我们得过的每一场病，我们都最终康复了。前方等待着我们的是光明与希望——有等待我们建立的新友谊，有困难里蕴藏的机会。你的生活会更快乐，你会发现办法总比困难多，你会发现大家都喜欢和你在一起。笑一笑，做一个乐观的现实主义者。

看了这个观点，你会采取什么行动？

11. 如果全世界都与你的计划作对该怎么办？

无论我们多努力地工作、多精心地准备，有时我们的一些愿望就是不能实现——起码眼前无法实现。航班取消、机器故障、邮件发送失败、别人出尔反尔，还有很多其他的紧急情况，经常打断我们原本的计划。

有人说过："你想开个玩笑逗上帝开心吗？把你的计划告诉他就行了！"

这是开了个玩笑，那么当一切都事与愿违时，你该怎么做呢？也许拓宽一下你看待问题的角度会对你有所帮助，尝试以一个更大更高的格局看待全局。

如果你以一个一辈子的角度来看待一场婚姻或者友谊，那你就不会因日常生活中的小矛盾或小过节而感到沮丧不已。孩子小时候学走路时，我们也不会因为他们每一次的爬起摔倒而感到胆战心惊。因为我们知道学习行走是人一生必备的技能，我们把这个过程看作人生的必经之路。

所以当今天，世界与你的计划处处为敌时，请采取这种体面的方式对待自己，以一个更高的视野俯瞰全局。

看了这个观点，你会采取什么行动？

12. 比要求的再多做一点：溢满你的空间

一个人如果一点要求以外的事都不做，那他是不会取得任何进步的。请比要求的再多做一点。

最快获得加薪的方式是什么？首先你得通过提高自己的工作和服务，先让你的上司和顾客感受到他们得到了超值的服务。

时间长了，人们最终总会因为自己的付出得到相应的回报。不过也有立刻就见回报的特例，但是整体来看，先创造价值再收获回报是事物发展的规律。所以请先把注意力放在你能做什么上，想方设法提高办事质量或者以一个更加积极的态度对待工作。

经济大萧条时期，幽默大师威尔·罗杰斯说过：“工作永远不缺！有田地要耕、有栅栏要修、有包裹要送，有太多工作要做。你工作了可能拿不到钱，但是你什么都不做同样拿不到钱，而且一定一分钱都拿不到。”

看看那些总是超额完成工作的人，你会发现与那些什么都不做先等涨工资的人相比，他们走得更远、更好。

先想办法提高你今天的贡献力，比要求的再多做一点。你会庆幸你这样做了。

看了这个观点，你会采取什么行动？

13. SPITS 模型：解决关键问题

当你遇到问题时，先停下来查找一下问题的原因。找出问题的根源，然后解决问题。

下面是我在从事咨询工作时使用的一个模型，你平时遇到一些问题和困难时，可以用它来查找一下原因。

这个模型的缩写是 SPITS：分析一下这个问题是情景问题（S）、一个个人问题（P）、一个人际关系问题（I）、一个技术问题（T）还是一个系统问题（S），即 SPITS。

然后从这些问题的根源入手，解决问题。

按哲学家的说法，认清问题，就已经解决它的一半了。

看了这个观点，你会采取什么行动？

14. 如何销售一个理念或产品？

顾客不会因为懂你的产品和理念而掏腰包，他们购买你的东西是因为他们觉得你懂他们。有太多的销售员，他们觉得销售的时候教育消费者，让消费者知道他们的产品有多么出色就足够了。但是，事实上，消费者只有在看到懂他们需求和愿望、诚心诚意为他们解决问题的卖家时，他们才会主动消费。

过去的销售理念和方法是把重点放在销售游说和销售演示上，今天的做法是关注销售的产品能为顾客解决什么问题。

所以下次你再想销售什么东西时，先从问问题开始，聆听顾客的回答，然后展示你如何能帮助他们解决问题。而当你是一个消费者时，留意一下你的消费体验，感受一下卖家给你带来的印象如何。很有可能，你会选择从你信任的人那里买东西，而不会只为一场口若悬河的销售演说所打动。

我有一门课叫作“关系销售”，关系和销售都很重要。销售应该是一种基于友好关系的行为，而不是一个操纵别人的过程。

看了这个观点，你会采取什么行动？

我是如何激励我自己的

每当我动力不足时，我就会停下来提醒自己：“想想你当初为什么出发，然后这股动力会激励我继续前进。”

鲍勃·乔特

15. 成功是要创造的

成功不会自然而然地发生，是需要努力创造的。把创造（MADE）这个词想象成一个记忆工具，时刻提醒自己朝成功迈进。

M 代表心理图像。让你想要的成功清晰可见，在脑海中想象一下你成功的画面。你想在现实中看到成功，首先要先在脑海里构想，内心相信才能成功。怀疑主义者说："我看到以后才相信。"乐观主义者说："只要相信，就能看到。"

A 代表正向肯定。多使用积极的语言，不要允许自己抱怨。要用一种好像成功已经被你收入囊中的感觉来说话。请对成功保持无限乐观。

D 代表每日成功一点。确保每天都能获得一点点成功。把手里的小事情做好，日积月累，便可以酝酿日后的大成功。

E 代表环境影响。让周围全是支持的信号：格言、海报、励志书籍、鼓励你的人等。

你可以通过控制和选择身边的事物来提高成功的可能性。你可以做到。

看了这个观点，你会采取什么行动？

16. 336 个凹坑

通常，一个高尔夫球表面会有 336 个凹坑。每一个凹坑都要挖得近乎完美才能摆上货架。你正常情况下每个工作日能挖多少个凹坑？有多少是近乎完美的？

我们每天都在和人打交道。我们打电话、发邮件、面谈、写信。我们每接触一个人，就像挖高尔夫球凹坑一样，每给人留下一个印象，就是挖一个凹坑。你最近给人留下的印象怎么样？凹坑挖得怎么样？我们越是精心留意我们给别人留下的印象，我们给别人带来的印象就会越好，正如高尔夫球上的凹坑，挖得越好，击球的效果就越好。

想想你哪些方面能给人留下印象：

（1）你的外表、你的办公室和家里的房间的布置；

（2）你说话时的用语、声调、眼神、握手的力度；

（3）你打字、拼写、书写的正确率；

（4）你谈论的话题、你去的场所、你工作的质量；

（5）你交往的人。

所有这一切都会给人留下印象。今天就开始，留下更多积极的印象，你会庆幸你这么做了。

看了这个观点，你会采取什么行动？

17. 你是茎条的一部分

我在孙子快要出生的时候，送给儿媳妇一个小宝盒，里面有一颗橡果。我告诉她这颗橡果象征着你内心成长的种子，它蕴含着我们这个家族子孙后代的全部潜力。

橡果头上的这顶小帽子代表我们做父母和长辈的，我们守望着、呵护着这颗橡果直到它可以独立成长。

帽子上的这根茎条代表着它和前一辈亲人们千丝万缕的联系。正是因为有了前一辈人的努力和贡献，才有了今天的这颗小橡果。这是一种传承。

我告诉儿媳妇："你现在承载着祖祖辈辈亲人们的希望和梦想。他们的未来将与你息息相关。现在我们双方的家庭都永久地成为这条美丽茎条的一部分。感谢你为我们带来这个孩子，感谢你为我们又一次带来了光荣与骄傲。"

我哭了，她也哭了，儿子和我妻子也流下了眼泪，这是对幸福充满期待的热泪，是对过去充满感激的热泪。

你，也同样是那颗橡果。所以，充实地生活吧，用充实的生活向你的过去和未来致敬。

看了这个观点，你会采取什么行动？

18. 一千天练习

几年前，我身材走样，又一次超重。所以我决定每天做些练习，锻炼一下。我的目标是连续锻炼一个月，一天不落。有时我会做全套充分的练习，有时则只做一些仰卧起坐和俯卧撑。但是无论如何，我每天一定会确保做一点。

30 天过去了，我又把目标调到了 100 天，然后调整为一年——最终，我完成了 1000 天不间断练习。我的身材又重新回到了巅峰，体重也减下来了。在我坚持锻炼的第 1000 天，美国健身协会亲自过来监督并拍下了我健身的照片。我的成就感别提有多大了！

这个记录其实非常容易被打断，一不小心你就会放弃，但是我可不想从头再来。有一次我出门在外，待到很晚，开车回家得第二天凌晨了。于是当天夜里，就在停车场，我趴在地上快速做了一组俯卧撑，身上甚至还穿着燕尾服。这样做有点傻，是的，我承认，不过这对我非常奏效。

我的计划非常简单：每一天都要做点运动。我的目标设计得非常容易实现，也非常容易尝到成功的滋味。

你怎样才能通过使用同样的策略完成你的目标呢？

看了这个观点，你会采取什么行动？

19. 信任就是力量

我们从小到大相信一句话，知识就是力量，但事实并非如此。

在一个知识有限且只掌握在少数人手中的世界里，是的，知识就是力量。但是在一个拥有互联网的世界里、在一个全球知识触手可及的世界里，信任才是力量。

我们之间的联系日益紧密，比历史上任何一个时期都要紧密。我们能和地球上几乎任何一个人沟通。在这样一个世界里，能获得最多人信任的那个人就是这个世界上最有影响力和权力的人。

当然，我们需要知识——我们要做终生学习者——但这不足以让我们脱颖而出。只有通过赢得同事、邻居和朋友们的信任，我们的优势才能得到最大限度的体现。

著名人类学家玛格丽特·米德曾经说过："永远不要低估一个有思想、有决心的小团体，他们能改变世界。事实上，历史上任何一次真正改变世界的事件也的确都出自这些人之手。"当我们彼此信任，我们的力量就会成倍地增加。当你得到了别人的信赖与合作，你就能做到比现在多得多的事。所以，请成倍地提升你的能力，去建立、赢得别人的信任。

看了这个观点，你会采取什么行动？

20. 永远比别人多留意一些

看一个人是否聪明就看他有没有区分和辨别的能力。无论何种情况下，我们留意到的越多，我们能想到的办法也越多。所以，无论你想在哪个领域变得更加聪明，都要从多留意、多观察做起，从多个角度看待一个问题。

在你的专业领域，你能识别出其他人看不出的关于人或事的套路和模式。那是因为你接受过的训练赋予了你这种思维模式。当妈妈的能看到当爸爸的看不到的地方；律师能看到销售员看不到的地方。

在任何领域我们都能同样做到见解独特深刻，只要我们刻意地去多留意一些。多留意你听到的、闻到的、尝到的、看到的和感觉到的，然后多问问自己"为什么是这样的"并进一步摸索。

最常留意的人往往拥有最多的选择，而选择最多的人往往能取得成功与胜利。所以从今天开始，努力让自己在某个领域变得更聪明些吧。多去了解，多去留意。

看了这个观点，你会采取什么行动？

21. 预设决定结果

你的预设将会决定你面临的结果。无论一开始你采取了什么样的假设，都将会某种程度上对结果产生引领或限制作用。

如果你认为一件事不太可能实现，那你看到的结果一定充满局限性而不是可能性。如果你认定一个人是好人，那你看到的一定都是他的优点。如果在你的观念里，写作业是一件很重要的事，那你一定会督促你的孩子完成作业。但是如果在你的观念里，一直把完成作业当成是一个培养学习兴趣的机会，那你就能让写作业这件事变成一场奇妙的探险！

有些公司总是潜意识里觉得顾客会偷他们的东西，那么这种公司也往往有着比较严厉的规章制度和比较差的客户关系。而那些把服务看作一种荣耀的公司往往有比较多的忠诚顾客和比较少的失窃事件。

亨利·福特曾经说过："无论你在潜意识里感觉一件事能做成还是不能做成，最终你的行为都会印证你的感觉是对的！"

下次做一件重要的事情之前，先问问自己："我的预设是什么？有哪些假设条件在左右我的行为？"然后让你的预设引领你获得你真正想要的结果。

看了这个观点，你会采取什么行动？

22. 真正地生活！

人活一世是为了生活，真真正正地生活！

想想吧：你能做这么多事，有这么多的人生经历等待着你去体验。你活得怎么样？

还有人等着你去遇见，有树去爬，有日出去看，有孩子等着你去鼓励，有电影去欣赏，有信去写，有风去兜，有赞赏去给予，有办法去提出，有心等待着你去打动，有系统去开发，有书去读，有拥抱去送，有思想去分享，有歌去唱。

有你认识的人正在受伤，有东西正在崩溃，有错误正在酝酿，有重要的信息正在被忽略或遗忘，有很多等着你去做的事！你被这个世界迫切地需要着。你可以点亮一个人的天，你可以解决一个问题、奉献一个微笑，你可以做的太多太多。

当你生活得充实，我们每个人都因此受益。不然，我们每个人都蒙受损失。

从今天起，充实、彻底、真正地生活。这是你与生俱来的使命与天赋。你体内有一股潜力，能让这个世界更加美好，就在此时，就在此地。尽情生活！

看了这个观点，你会采取什么行动？

23. 黄金时光只是一个神话

这么多年来一直流行一个叫作“黄金时光”的概念，即弥补我们耗费在工作和其他兴趣上的本应该用来陪家人和爱人的时间。越来越多的人鼓励我们多花一些“黄金时光”陪我们爱的人。

但是我觉得刻意地提出“黄金时光”这一概念就像是讲一个不切实际的神话故事。

想要提高我们在一起相处的质量，不是抽出一段时间刻意安排一下就可以了，而是需要我们长时间地共处，慢慢培养感情。回想一下你人生中最值得回味的几个时刻，很多时刻肯定是让你喜出望外的，仿佛从天而降；这些时刻肯定不是你一开始就安排好的，它们就是自然而然发生的。有时你的孩子会说一些触动你内心的话，或者主动伸出手帮助祖母，这些美妙的瞬间之所以美妙，是因为它们发生时恰巧你也在。

学着以迎接彩虹的心态去看待黄金时光。黄金时光不是安排出来的，它们是一不小心被察觉到的，而且被察觉到以后，还需要我们用心去体会和珍惜。所以多花点时间陪陪你爱的人吧，安排时间时请大方一些。他们需要你，而你也同样需要他们，多出现在他们面前就行了。

看了这个观点，你会采取什么行动？

24. “不能”只有一个意思

我们使用的每个单词都是有各自的含义的，这就意味着它们某种程度上是不能互相替换的。每个单词在我们互相传达意思的沟通过程中都扮演着独一无二的角色。举个例子，“不能”这个词的意思是“（能力不足）所以不”。但是有太多人使用这个词时太随意了。

有多少次，你说“不能”时，实际是指“还没”或是“我做这个有困难”或是“我不想”？

每次我儿子和我说“不能”这两个字，我都会回复他：“那就放弃呗，不要尝试了。”然后他会吃惊地望着我说：“你真的想让我放弃吗？”我说：“是啊，如果你真的‘不能’，那这个目标你是不可能完成的，那就别花无用功了，放弃吧。但是如果你的意思是‘还没成功’，那你可以继续坚持，因为你最终还是有成功的可能的。下次回答别人时，使用能真正表达你意图的词，不要觉得哪个词最简单就用哪个。”

从今天开始，留意一下你每隔多久就会用一次“不能”这个充满自我限制的单词，不妨做个记录看看。随着你越来越有意识地注意自己的用词，你也会发现越来越多准确和积极的词，能帮助你精确地表达自己的意图。

看了这个观点，你会采取什么行动?

25. 去和陌生人讲话

我今天谋生的工作恰恰是我母亲当年嘱咐我不要做的——和陌生人讲话。小时候我母亲告诉我，家长不在的时候不要和陌生人讲话。这在当时算得上是金玉良言，不过金玉良言有适时，好的建议都有它适用的阶段，这条建议在我这个阶段已经不适用了。是的，没错，对孩子来说，小心一点永远没错；不过对成年人来说，我们必须去和陌生人讲话！无论是拓展业务还是解决问题，主动、持续地上前和陌生人讲话都是我们的必经之路。

我们的目标应该是通过每天认识一些人，逐渐减少我们世界里的陌生人。一个优秀的销售高手必须擅长迅速与他们不认识的人建立联系和信任。每天，都会有新的陌生人走进我们的生活：新的邻居、同事、老师、服务员等。让我们努力成为和陌生人谈话的高手，每天和他们讲话、交朋友。

看了这个观点，你会采取什么行动?

26. 认可有多重要?

每个人都渴望得到认可和赏识，我们需要让别人知道我们的存在。原始文化时期，有一种最严厉的惩罚叫作放逐，受罚之人不准和任何人交流，别人也不能和他交流，就像没有墙的禁闭！

几个月前我去纽约，沿途搭乘地铁时，我注意到车内车外有长达几公里的涂鸦。不过起初最让我震惊的是这些涂鸦不像洗手间墙上涂写的那些不堪入目的脏话，而是一个个名字、标志和代号。原来这些“标记客”不是在要流氓——他们在寻求认可！

当我们与他人进行眼神交流时，一个微笑或者一句“你好”都是对他人的一种认可与肯定。用这种方式，我们在给予他们所有人都渴望的，即我们对他们存在和重要性的认可。这是我们表达对他人尊敬最快的方式，而且对方往往会领情，会对我们心怀感激。所以抬头微笑，说“你好”。有人今天需要你的认可。

看了这个观点，你会采取什么行动？

27. 宽恕

我去年交了个新朋友，他的工作是劝抚癌症病人。据他的观察，预防癌症最强有力的行为方式之一就是宽恕。仅仅通过坦然放下他人给我们“造成”的怨恨和委屈，我们就能消灭身体里的一些致癌物质。

当我们心怀积怨或有不愉快的情绪时，我们也在抑制体内健康系统的正常运作。想让自己对受过的伤害和背叛释怀不是一件容易的事，但是从对保护我们自身利益的角度来说，这的确是最好的方式；下次你再被别人冒犯时，注意一下你身体和心理的感受，然后放下那些负面情绪，宽恕冒犯你的人和行为，继续你前方的生活。如果你想等对方“忏悔”或道歉，那你可能要等很久，而且在这个过程中你自己的健康也会受到影响。如果有人想在路上超你的车，给他们让开就行了，祈祷他们不会伤到其他人，然后继续开你的车、过你的生活。你宽恕得越多，你获得的平静就越多，遇到的争执就越少，你也就越有可能长寿。

看了这个观点，你会采取什么行动？

28. 学会品味生活

我吃自制香草冰激凌时，甚至能感觉到一种精神上的享受！我特别喜欢香草冰激凌。我还很享受在弯弯曲曲的小道上骑摩托车。弹吉他唱歌时的我也特别开心。但是除此之外，生活中还有许多其他美妙的经历在我身边不断上演，却被我完全忽略了。

我们需要时刻提醒自己品味生活——在沉浸其中的同时细细品味它的每一个方面。都说我们应该偶尔停下来，闻一闻路边的玫瑰，我经常这样做。但是细嗅玫瑰的同时，请别忘了用心品味，感受它柔软的花瓣、欣赏它美丽的颜色，然后陶醉在它的花香里。

而现在的你，也有很多事情可以去用心品味。用心观察你的衣服、你坐的椅子、大自然的美景、身边所有触手可及的小玩意儿，享受你正在经历的一切。你看到过孩子吃他们最喜欢的食物、在草地里打滚、在秋千上摇摆、从山坡上滑下的场景吗？那种全身心投入和陶醉的场景，我们每个人都要学会这样做。如果你在走路，那就让自己享受这段步行。

偶尔停下，四处看看。不要散步的时候，脑海里已经开始做下一件事了。活在当下，充实地生活。把这一分钟过好，再过下一分钟，用心品味。

看了这个观点，你会采取什么行动？

29. 什么是公民？

做一个社区的居民和做一个社区的公民是有区别的。能否成为一个居民是靠房子来衡量的，能否成为一个公民则是靠义务来衡量的！

学会在你生活的各个“社区”里做一名优秀的公民，能照顾好自己家庭的邻居也会鼓励其他人照顾好家庭。自己做家务又喜欢帮助别人的家庭成员在家里也一定会承担更多的责任。那些总是照顾你的同事，你也一定想照顾他们。那些遵纪守法、庄严投票、工作认真的人也一定是大家都喜欢的万人迷。

我们怎么样才能让这个世界变得更加安定平和？努力提高公民意识！记得那句美妙的歌词："让和平洒满世界，让我第一个来这样做。"

当我们意识到我们在履行责任时需要彼此依靠，我们就有动力去做更多对的事情。当越来越多的人看到他们的邻居和同事主动承担起责任，他们也会成为更优秀的公民。

看了这个观点，你会采取什么行动？

30. 白金定律

我的朋友和同事托尼·亚历山大博士告诉我们，应该去学习和实践白金定律：人所欲，施于人！这其实是黄金定律的一种全新改编和诠释：己所不欲，勿施于人。不过托尼的白金定律更加强调对方的主观愿望，强调我们应该注意对方希望自己被对待的方式。不是每个人都像你一样，就像那句老话说的，"到了罗马就按罗马人的要求去做（入乡随俗）"。他们其实不是希望你变成罗马人，只是想让你知道他们是罗马人。

为了更好地实践白金定律，你第一步需要仔细地关注每个人，更好地理解每个人的需求。在说话之前先去倾听，努力了解每个人希望被对待的方式。你能接收到的关于他们偏好的信号越多，你在和他们交往时可能遇到的尴尬和紧张就会越少，你就越能左右逢源，快速地和人建立起融洽的关系。

看了这个观点，你会采取什么行动？

31. 还记得电影《城市乡巴佬》吗?

有一句经典台词，是杰克·帕兰斯扮演的角色库里说的。他说，人生的意义就是要找到那个对你至关重要的天命，然后你要做的就是全心全意地追随它。这句话说得有些过于笼统，不过有一点倒是真的，那就是一旦你找到了那个对你一生至关重要的事情，你就能迅速重新分清生活中的主次。

如果让你利用下个月所有的空暇时间，在家或在单位，选择在一件事上取得一次飞跃式的进步，这件事会是什么事？如果你做到了，会发生什么？如果你不做，又会怎么样？

比方说，你的天命就是赚钱。如果你现在就决定，在接下来一整个月的时间里，把管理和创造收入作为唯一的任意性日常活动，你最终能取得什么样的成果？第一天你会想办法省钱。到了第三天，你就已经找到方法赚更多的钱了。一个星期过去，你把自己的财务状况管理得井井有条，理财能力还在继续进步。到了月底，你会新结识业内资深人士，在他们的帮助下进一步给你的理财做瘦身，你的财务小世界得到了进一步的升华。

现在就去寻找你的天命，寻找那个可能对你一生产生重要影响的东西。把寻找天命当作你的头等大事，然后倾尽全部为之奋斗终生。

看了这个观点，你会采取什么行动？

32. 爸爸，我想做自己的老板！

我儿子 13 岁的时候和我商量说要提高零花钱，他想运作一笔自己的小金库。我同意了，但是要求他必须遵从现实世界的游戏法则。我要求他要先预计一下一年大概需要多少钱，然后每个月向我汇报他赚了多少钱、花了多少钱。我帮他一起计算出每件东西要花多少钱，然后我们制作了一份年度预算。超出预算的部分，他要通过做兼职工作来赚取。他同意了。

> **我是如何激励我自己的**
>
> “人活一世，临终时最让我们后悔和遗憾的事不是我们曾经冒险做了什么，而是那些我们错过的机会。”
>
> 捷森·莱特

每个月他要按照我的要求上交简单的收支记录，然后从我这儿领取下个月的零花钱，这个过程中我们还会时不时地发生一些小争执。适应这个环节可花了他不少时间，但是一旦他适应了，他就能成为自己的老板！

过去几年，他一直保持着这个记录的习惯，他会记下他每一笔钱的去向和来源。他还开了一个储蓄账户，到上大学之前，他已经攒了超过3000美元！这件事做起来可没有我说的这么容易，不过这么做的确见效了。今天，他已经学会如何理财了。你的孩子以后会以什么样的方式学习理财？顺便说一下，大多数公立学校是没有个人理财这门课的。

看了这个观点，你会采取什么行动？

33. 能留住的和留不住的东西

我儿子学习理财时，我让他在支出记录簿上以“能留住的东西”和“留不住的东西”为表头列了两栏表格。我想通过这种方式告诉他财产和体验的差别。吃一顿饭、看一场电影、玩一场游戏这叫体验。一本书、一件衬衫、一个滑板这叫财产。这两类东西都有各自的用途，如果我们脑海中能对它们加以区分，则大有裨益。

你在看过去几个礼拜的信用卡账单或支票记录时，看看哪一列下的条目最多：财产还是体验？如果你已年近退休，那财产栏就应该列得长一点。如果你财务状况比较稳定，那不妨想办法在体验栏上花花工夫。无论选择哪个，这个过程都应该建立在一种有意识的行为基础之上。你越清楚你的钱花在哪里，你的财产和美好回忆就越留得住。

看了这个观点，你会采取什么行动？

34. 彼得·厄斯·本德

有一次我要去多伦多演讲，我的同事彼得·厄斯·本德知道以后给我打电话说要去机场接我，然后送我到目的地。在去的路上，他给了我一张清单，上面有一系列关于多伦多的介绍，正好可以编进我第二天的讲稿。到达宾馆以后，他微笑着和我告别并真诚地祝福我，我请他上去坐坐，但是他非常礼貌地回绝了。这是一种多么善良和纯粹的举止！他的热情是打心底里流露出来的，他除了慷慨地帮助我，没有企图得到任何好处，但是他得到了我永远的钦佩和赞赏。在他身上，慷慨情怀得到了最佳体现。

通常，我们在帮助别人以后总是做出一些希望对方感激我们的表现，这种行为往往会使我们刚刚表现出的慷慨消失殆尽。当你付出时，就只付出。付出的快感在于你做了什么，而不在于对方做出什么回报。当我们付出时，让我们向彼得学习：

（1）主动伸出援手——找机会帮助别人，采取行动。

（2）给对方提供一些有帮助的东西。

（3）不图任何回报地付出。

后记：多年以后，我开车在加利福尼亚家附近的路上，接到了彼得的电话。他声音听起来很虚弱，好像病得很厉害，我立刻把车停到一边和他讲话。彼得得了癌症，这是他临终前的告别电话之一。他温柔高雅的灵魂将被世人所留念。现在我想起他给我打电话时的场景，还既悲恸又感激，他在电话里感谢我，感谢我给他的生活带来了影响，但其实他才是最值得我感谢的人。

看了这个观点，你会采取什么行动？

35. 速率

我曾经看过一个漫画，一只蜗牛趴在一只海龟的后背上，蜗牛在上面兴奋地大叫："太刺激了耶！！！"

我想对于蜗牛来说，这是一场风驰电掣的旅行，但是在外人看来，这不过是一场慢慢腾腾的爬行。

人也是一样，我们每个人的精力和能量水平都不同。有些人是那种高速率类型的，他们好像有用不完的能量和动力。有些人则速率相对低一些，也更习惯慢节奏的工作和生活。你呢，你属于哪种类型？

每个人都有自己的速率倾向，或高或低或适中，不同速率的人在社会中都能找到自己的位置，各得其所。低速率的人更擅长团队合作，而高速率的人更喜欢独自行动，喜欢迎接各种变化。

你应该知道自己的速率水平。如果你明明是个低速率的人却去做了独立销售代表，那要不了多久你就会精疲力竭、叫苦连天。如果你是个高速率的人却找了个文职工作，那你肯定坐不住，闲得抓狂。尝试根据你天生的速率属性去调整你的目标以及生活和工作的习惯。这种方式称作"对齐"，能够提高你在生活中的满足感，减少压力。

看了这个观点，你会采取什么行动？

36. 浪漫

专家说，世界上最浪漫的地方就在……你的两个耳朵之间。没错，制造和体验浪漫的地方正是我们的大脑——沙滩、壁炉、温泉、烛光晚餐甚至巧克力，都不抵一个恰到好处的动作或点子的万分之一。

有一次，我无意中了解到我和妻子恰巧要在同一时间搭乘不同的航班从达拉斯机场出发。到了达拉斯，我立刻赶往她飞机的连接门处，准备了一枝玫瑰想要当面送给她给她一个惊喜。但是可惜我到得太晚了，乘客已经全部登机，飞机准备关舱门了。不过幸运的是，我成功说服了一名登机门服务员，让她帮我把玫瑰和一张小纸条转交给了我妻子葆拉。葆拉激动得快晕了过去，我也很开心。我们甚至都没有见面，就营造了如此浪漫的瞬间。

是玫瑰的作用吗？不是，是让她知道我时刻想着她并愿意想尽一切办法展现我对她特别的关注。

想变得更加浪漫吗？想办法向你爱的人展现出你关心他 / 她，并愿意为表达这份关心做出精心的准备。

看了这个观点，你会采取什么行动？

37. 不要用甜点给减肥庆功

我一直属于那种易胖的体质。我年轻的时候，经历过数次节食，每一次都有效果——都曾成功减肥，但是却总是反弹。不过 1976 年以后，我就一直没有再胖过。这种状态持续了整整近一代人的时间，现在的我，体重一直在理想数值的上下 5 公斤区间内浮动。这是因为我学到了一个真理：瘦身永远不是节食的结果，它是你习惯的结果。

要改变你的体重就要先改变你的习惯。要改变你的习惯就要先改变你的思维。体重健康的人对于食物和锻炼的思维方式和超重的人是不一样的。控制体重的是我们的大脑。我侄女有一次找她妈妈要可以减肥的“瘦身食品”，根本没有效果。

第一步是下定决心要成为一个身材苗条的人；第二步是像苗条的人那样生活，即便你仍然很胖；第三步是永远不要放弃，永远不要放弃像苗条的人一样生活。你的身体会服从你大脑的指令，身随心动。对了，另外说一句，不要吃冰激凌来庆祝减肥成功，而应该再去给自己买一套运动服。

看了这个观点，你会采取什么行动？

38. 改变一个人就像在树上钉果冻一样难

有没有尝试过堆一根绳子？在树上钉果冻？用手盛一摊水？有些事情就是在没开始前，结局就已经注定了。但是你曾经有多少次尝试改变一个人的天性？

如果一个人天生做事就是杂乱无章的，那他可能永远也不会变得高效、自律。当然他们会不断改善自己，会做得更好，但是他们绝不会做到出类拔萃。同样的道理，骨子里就爱冒险的人总是在不停地探索。他们天生就对身边的事充满好奇，总是想试试看“看看会发生什么”，这样的人会甘心只是坐着一动不动吗？我觉得不会。不过他们可以试着学会分辨哪些时候适合出击，哪些时候不那么适合。

每个人都可以通过自己的努力提升自己取得进步——甚至能提升好几个档次，但是我们内在有一部分东西是永远也不会改变的。一旦我们学会了洞察人的天性，我们就能提高在生活和工作中与别人合作的效率。

著名的平静祷告词完美地诠释了这个道理：“主啊，赐予我从容吧，让我接受不可改变的事实；赐予我勇气吧，让我改变我能改变的一切；赐予我智慧吧，让我分清二者的区别。”

看了这个观点，你会采取什么行动？

39. 心若无所驻，处处皆流离

每个人都需要有自己的信仰体系，如果内心没有坚守和信仰，我们来世间走这一遭只不过是一场漫无目的寻欢作乐，体验不到真正的幸福，唯有借物质满足感聊以自慰。就像一边吃着精糖，一边还想要营养，你是得不到的。

我们应该重新定义人生的幸福。过去，幸福就是“过富足且充满意义的生活”；今天，幸福更多强调“纯粹的个人体验”。我相信每个人都在寻找幸福和快乐，但绝不仅以单纯追求个人享乐为目的——对自己的生活满意且自我感觉良好，还要有自尊和荣誉感。

当一个人相信一股比自己强大的力量时，他就能以超越自我的人生高度去思考和生活。有了这种长远的思维，你就能获得一系列更强大的价值观。在树立这些价值观的过程中，你会逐渐培养新的标准和原则。进一步，道德行为就逐渐形成了。所有这一切都是彼此联系的。仅仅想做个好人还不足以支撑你安然度过人生的困难时期。我们必须要选择相信一个高于我们的力量和道德信仰，必要的时候宁愿以牺牲自己的幸福为代价。驻守你的信仰。

正如《独立宣言》所说，我们人人“都被造物主赋予神圣不可侵犯的权利，包括生存、自由和追求幸福的权利”。

看了这个观点，你会采取什么行动？

40. 你是怎么知道的？

有一个名为思维科学研究所的组织，创始人之一是著名宇航员埃德加·米切尔。他们研究的内容是，到底你“知道”一件事代表着什么，以及我们是如何知道我们所知道的事情的——听起来有些烧脑，不过的确很有趣。

举个例子，找一件在你看来是确认无误的事情。然后从头到尾审视一下，看你自己是如何确定这件事情是对的。你确定它是对的吗？下面是几种我们让自己“知道”一件事的途径：

◎ 亲身经历——我们亲眼看到了；

◎ 专家证实——我们从可信的权威机构听说的；

◎ 科学方法——我们测试并证明了它；

◎ 直觉——我们潜意识里觉得它是对的；

◎ 感觉——我们本能地觉得是这样的；

◎ 推理——我们用逻辑推断出来的。

上面这些途径没有一个是完全可靠的，都有可能是错误的引导。但是我们越是尊重每种了解途径，获取信息的渠道越多元化，我们就越有可能得到真实可靠的结论。所以下次再有人和你说“这事我知道”，你问问他们：“具体点，你是怎么知道的？”

看了这个观点，你会采取什么行动？

41. 合作伙伴

这些年我经历了许许多多的合作伙伴，关于建立合作伙伴关系这件事，我得到的最宝贵的经验就是提前以友善的方式商定好结束合作关系时涉及的具体事项。这么做表面上看起来好像是一开始就给合作关系判死刑了，但其实并不是。

真正高效的合作伙伴必须能百分百放心地全身心投入这段合作关系。如果有任何一方退缩了，另一方一定会受到损失。“全盘托出”对合伙做生意来说是正确的选择。

所以，在合作之前，先问问你自己：“我们怎么样才能在双方损失最小化的前提下和平地解除这段合作关系？”确定各项财产的归属、客户资源的分配，以及对公司各项资产的估值和企业名称的归属，等等。一旦你打定了主意全身心地投入这段生意，就代表你投放的全部资源都已经得到了你的使用授权。即时，每个人都开始边做观察。

你们的合作协议越清晰，合作关系就越牢固。正如“篱笆筑得好，相邻处得好”，合作伙伴也是一样，“合同越周全，合作越赚钱”。

看了这个观点，你会采取什么行动？

42. 良好关系的三大要素

夫妻婚姻成长协会（ACME）的创始人薇拉梅士和大卫博士提出了幸福婚姻的以下三大组成要素：我发现它们对一段良好的商业关系也至关重要。

（1）相互承诺——双方都必须对这段关系的成功做出承诺并负责——否则一方会承担过重的负担。双方必须做出同等承诺，否则一方的一切努力都将是徒劳的。

（2）开放式交流——就算是坏消息也可以拿出来分享。事实上，交流内容越真实、越全面，双方关系就越牢固、越紧密。我们必须要能在不互相攻击的前提下，开诚布公地讨论一些困难和令人不快的话题。

（3）清楚的协议——我们必须清楚对方对彼此的期望以及需要双方共同遵循的原则。协议应该是解决冲突的工具。

有了上面这三大要素，任何一段关系都能变得更加牢固和愉快。

看了这个观点，你会采取什么行动？

43. 认可你看得见的价值

有一次在亚特兰大机场，我看到一个小男孩在餐厅打扫卫生，他拖着自己不情愿的身体，一个桌子接着另一个桌子地来回擦。他看起来沮丧极了，看得连我都有些跟着他一起抑郁了！于是我走上前去和他说："你现在做的事情非常重要，要不是你在这里擦桌子，这里早就垃圾成堆了，客人看见了是不会进来的。"他顿了一下。我接着说："谢谢你为我们营造了一个如此舒适的环境。"说完，我就走了。

我走了也就三四米远，回头一看，他好像突然长大了，好像长高了一头！他挺了挺腰杆，表情严肃，不过紧皱的双眉已经松弛了下来，然后好像工作得比刚才起劲了。你信不信？他感觉好多了，干起活来也更轻松了。

我什么也没做，只是指出他现在做的事的价值。不过通过这种方式，我对他的工作表达出了我的认可和敬意。我们每个人也都可以通过这种方式鼓励自己，去想一想我们所做的工作是如何给他人带来帮助的。

看了这个观点，你会采取什么行动？

44. 多嚼一点

有时我们应该相信"贪多嚼得烂"。我们就是这样提高能力（食量）的。如果你只一心做你能力范围内的事情，那你不太可能成长。我认为，我们有必要偶尔做一些难度更大的事，一些无法凭我们自身能力单独完成的事情。这会迫使我们去寻求别人的帮助，探索能够解决更多问题的新方法。人往往是在不得不成长的时候才会成长，而不单单是在想要成长的时候。

所以，偶尔伸展伸展拳脚，给自己突破和成长的勇气。有时，对失败的恐惧也可以转化为向上的动力。我曾经当着全体与会主席的面，面对一个我几乎不可能完成的任务，大声地说出了“好的，没问题”。虽然我知道这件事我几乎不可能独立完成，但是我知道其他人会指导、帮助我，我也知道我一定会被逼得不得不去向他人求助。最后的结果是，我们成功了，我，和其他所有参与其中的小伙伴，都在这个过程中受益匪浅。

看了这个观点，你会采取什么行动?

45. 如果你连自己都引领不了，就不要引领我

自我领导力对成功至关重要。如果你无法引领、激励你自己，那你会错过太多生活给你的馈赠。下面是我听到过的有关自我领导力最好的定义：自我领导力就是要驱动自己做那些不得不完成的事，当一件事到了不得不完成的地步时，不管你想不想做，都要把它做好。

这就需要你有主动行动的动力、对动机的准确理解、完成任务的紧迫感以及克服自我情绪和抵触的能力。

你该如何成为一名更好的自我激励者？做决定。没错，现在就做决定，决定成为一个出色的自我激励者，不要回头。按照你的决定开始行动，就像做新年计划一样——做做计划是挺简单的。关键是要看这股兴奋情绪过后，你会采取什么行动，这才是起决定作用的。所以，先学会引领自己，然后别人才会纷纷追随你的脚步。

看了这个观点，你会采取什么行动?

46. 什么是品格?

美国演讲家协会的创始人罗伯特有一次问一名大学教授，“品格”的定

义是什么？教授说：“就是在你做决定时内心那股情绪过去很长时间之后，你仍然坚持那份决心的意志。”说得不错。

大多数人用情绪管理自己的行为——所以大多数人无法从生活中得到他们想要的。我的忠告是，做情绪的主人，不要让感情左右你的决定。决定你想要什么，然后就去执着地追求，即使你有时不太想做。

下次你抓到自己有这种“我现在不太想做”的想法时，让这句话像警钟一样敲醒你。在后面补上一句：“所以我现在必须要做！”别管那些被情绪主导的人，你，要以你想要的结果为主导。成功的人之所以能比较顺利地达成自己的目标就是因为他们以目标为激励导向，而不是以情绪和欲望为导向。

看了这个观点，你会采取什么行动？

47. 不是用第三人称就是服务亲切

上周在圣安东尼奥的一间酒店餐厅里，一位服务员过来跟我说：“请绅士看一看我们的酒单？”我当时是独自一人进餐！我甚至想和他说：“不好意思，让我先帮你问问这位‘绅士’，然后再告诉你。”请原谅我的讽刺，但是我真的觉得他做得太夸张了。

这位服务员的本意是想表现一下优雅和亲切，但是适得其反，效果很滑稽。其实他说“晚上好，先生，您需要看看我们的酒单吗”就可以了，亲切优雅的效果就已经能达到了。当我以直接称呼你的方式直接与你对话时，我就是在认可你作为一个个体的重要性，这种表达礼节的方式就足够了，也十分得体。过去那种高冷的礼节表达方式就让他成为过去——过去式。今天，全世界范围内，最好的表达你热情亲切的方式就是直接称呼别人。

看了这个观点，你会采取什么行动？

48. 这个世界太小了，我们做过的每一件事都会留下印记

几年前我居住在俄克拉荷马时，有一次接到一个紧急电话，一个演讲者临时有事不能到场，要我去顶替他。当时我在200千米之外，不过我还是答应了，然后我马不停蹄开车前往会场，刚刚好赶上。

时间退后到6年前。画面转到我在加利福尼亚的新家，有一天我接到了一个电话，是一位来自比利时的潜在客户打来的。这个电话给我带来了一个咨询业务的大单，让我在接下来的一段时间里往返欧洲6次，赚了数千美元。结果后来我发现，这个打电话的人是6年前在俄克拉荷马雇我做救场演讲者的那个人的女婿！如果当时我在比利时拓展业务，我绝不会想到俄克拉荷马的市场。而且，如果那天我在俄克拉荷马演讲时三心二意，我也永远不会接到这个比利时打来的电话。我们所做的一切都会留下印记，所以尽全力把事情做好，即使你觉得这件事可能没那么重要。

补充一句，现在30年过去了，我还时不时地回欧洲几次，服务这个客户，前几年刚去过。

看了这个观点，你会采取什么行动？

49. 你一直在以身作则

有人崇拜你，有人把你作为衡量他们做事情的标准。我们总是压低自己在这个世界存在的价值——我们要做的就是忘记别人对我们的关注，不要以为每个人都知道我们的存在，不要以为他们总在我们不知道的情况下偷偷关注我们。

现在开始，不要再疑神疑鬼、患得患失，不要总以为别人在你不知道的

地方注视着你。没这回事。他们只是无意中注意到了你，就像你注意到了他们。有一些人会以你为参考，做自己的选择和决定。你的孩子、你朋友和亲戚家的孩子会受到你的影响。你的同事，甚至某个你不知名的人也会受到你的影响。我们生活在这个社会中，不可避免地会互相影响。我觉得，你应该在生活中有意识地注意你可能正在用行动为他人树立的榜样。你把自己的生活经营得越多姿多彩，周围的人也会受你的影响，把自己的生活经营得更好，因为有时他们会无意中以你为榜样——尽管你并没有想要刻意地指引他们。

看了这个观点，你会采取什么行动？

我是如何激励我自己的

“每当我陷入‘我能从中得到什么？’的心态时，我总会感觉到内心十分挣扎。我的自我驱动能力一直很差。然后有一天，我知道自己可能要当爷爷了，于是我开始了跑步。当时我的孙女还没出生。我特别想给我的孙女一个健康的爷爷，因为我从没有过爷爷。于是我开始跑步，我想有生之年看到我的孙女上高中、上大学甚至能看到她结婚生子。我要为她而跑步。每当我内心抵抗，不想跑步时，我就逼迫自己去跑。我要去跑步，我要健康的身体，也许我能成为一个出色的爷爷呢。这些都不断地提醒我，去把运动鞋找出来。我必须去跑步。”

道格·史蒂文森

50. 罗纳德·里根

我书桌前的墙壁上挂着一张罗纳德·里根的画像。上面有他儿子迈克尔的亲笔签名，这幅画每天都在激励着我。我最欣赏的就是里根总统那种积极的心态和情怀，他总能不苟且于眼前现状，看到更多更远的可能。他曾经说过：“我内心知道，每个人都是善良的，正确与正义一定会取得最终的胜利，每一种生活、每一种人生都有它的意义和价值。”这段话也刻在他的墓碑上。他还说过：“我希望（历史）会铭记，我曾给你们带来的是最美好的希望，而不是最糟糕的恐惧，是信心而不是疑虑。”

想一想这种人生态度。尽管人世间有这么多丑与恶的现实，他还是愿意相信人性最深层的美与善。他相信正确最终一定会纠正错误，所以他一生都在坚持做正确的事。他相信每一种人生都值得经历，都有各自价值，所以他一生都在为人性解放事业做努力，推动了美国社会的进步。让我们也向他学习。

看了这个观点，你会采取什么行动？

51.“对上帝的信仰赋予了我们生命的意义和目的”

这句话是布朗菲尔德为美国国际青年商会所写信条开篇的第一句话。若我们相信上帝造物主的存在，我们就能看到每个生命的价值。我们能看到生活的意义并会选择做正确和善良的事。仅仅想做个好人或相信善恶有报是不够的。这种观点有它的局限，它会把你的生活变成一系列交易，偶尔得意的人生不会带来多少深层次的满足感。

我相信造物主的存在，一个宇宙最高智慧，而且造物主创造我们一定有他的目的。这不是关于宗教起源与差异的辩论——这关乎宇宙大爆炸、关乎我们的大自然是如何以如此奇妙的方式不断进化的。没有其他令人信服的解释能够说明人类诞生这一既复杂又奇妙的现象。生物进化理论是一个经过证明的事实，但是人类不是从鱼或者猿类演变而来的。我们就是从原始的人类不断进化而来的。我们的出现不是基因突变的偶然结果，我们的出现是必然的。尽管我们在人类起源方面知道这么多，但是纵观人类历史，没有一个人能仅凭自己的力量创造出生命。没有一个人有这种能力，甚至最伟大的科学家，也不能让石头有生命，也不能自己创造出一个婴儿。是的，我们能够繁殖，但是我们无法决定具体哪个精子和卵子能创造出一个生命。只有自然选择才能决定生命何时、以哪种方式诞生。我相信自然就是我们造物主的代名词。

我们看一看地球上所有宗教的共同点。似乎有一点共通的本质，那就是我们都相信生命的诞生是因为有一个仁慈的造物主。即便有时这个造物主不是一个“人”而是一股力量或能量，追求这类信仰的追随者往往以此为标准，将其奉为生活中的圭臬。

我自己信仰的宗教是基督教，但是我并不认为你也必须是一个基督教徒，或者只有基督教才掌握着真理。我只是深深地相信，你的存在是有原因的。你能做的事情、你能带来的贡献太多了。慢慢发掘，发掘你的潜力。去做点什么，去向你的造物主证明，他当时的眼光没错，你是一只潜力股。

看了这个观点，你会采取什么行动？

52.“人类之间的手足情谊能超越国家之间的主权隔离”（国际青年商会信条）

很多年前伊朗发生大地震的时候，美国人民二话不说纷纷送出援助，尽管当时我们两个国家关系紧张。当海啸席卷斯里兰卡时，我们提供的捐助甚至比给9·11事件受害者家属的还要多。这是因为在内心深处的某个地方，我们知道，我们是兄弟姐妹。我们知道这个世界远不止我们自己，我们的恐惧和仇恨在这一刻显得无比肤浅和卑微。说到底，我们是造物主创造的芸芸众生，我们有相同的情感和欲望——过一个有意义的生活，远离痛苦，远离折磨。

不管在世界的哪一个角落，哪一个国家，我们都会为人性焕发出的欢乐与喜悦共同庆祝。我们每个人，在内心最深层次，都是互相联系的彼此。下次你发现自己在指责另外一个国家的人或信仰时，记住，他们在做的事无非和你一样：他们也在努力地追求一个充满意义和满足感的生活，也想平平安安地度过一生。只要我们都在推动生命的延续，我们就一定有共同的利益。活得充分、彻底一些吧！

看了这个观点，你会采取什么行动？

53."赢得经济公平的最佳方式是通过自由人和自由企业"（国际青年商会信条）

历史上有许多由于试图控制人而酿成的失败，给我们留下了血淋淋的教训。最暴虐的专政往往带来最惨痛的失败，中央集权控制根深蒂固的经济体也是创造力和生产力最低下的经济体。从所有历史上失败的案例中，我们得出结论，控制是罪魁祸首。人只有在一个自由社会里才能发挥才能，不断取得进步，而不是在一个充满压迫性的社会。

就算是在一个高压控制下的社会里，也总会在某些方面存在自由市场。因为自由市场对那些高效的人群总是最公平最有利的。与其他类型的社会相比，一个自由社会能孕育更多艺术和美、更多商业机会和工作、更多创新办法和手段以及更多慷慨和包容。自由是人类进步的关键。自由随性地生活是我们每个人的天性，也是我们每个人与生俱来的权利和责任。我们越能自由地追求梦想，我们也越能为周围的人带来益处。

如果你的家庭、事业或所在的社会缺少创新和动力，那就试着提高每个个体的自由权利，让他们自由选择他们认为最好的做出贡献的方式。交税少的自由人为政府创造的财政收入比那些赋税繁重的人要多得多。好好想一想。

看了这个观点，你会采取什么行动？

54. 在美国，我们遵从法律，不是个人

尽管有许许多多相反的新闻报道或社论，不过在美国，我们都认可的一个事实就是我们承诺遵从法律规定，而不是个人指令。这是一种非常健康的状态。就算我们不欣赏执政的那个人，但是我们愿意信任我们和执政者们都必须遵从的这个体系。

当我们要把属于自己的福利交到别人手里，交到那个我们认为更明智、更有权、更重要的人手里时，我们要好好考虑清楚。不然我们就轻易放弃了我们最重要的能力：我们的判断力。

一个分工明确的社会在决定未来命运时，把决定权把握在自己手里几乎任何时候都要比交给某个个别统治者要好、要合理。在美国社会，我们认为任何一个人都可以像我们选出的执政代表一样行使权利。我们通过投票让他坐在执政的位置上，我们也可以通过同样的方式替代他。这意味着权力真正在所有人民手中，而不是某个个体手中。请经常提醒自己，发挥自己的判断力。

看了这个观点，你会采取什么行动？

55. 地球上最宝贵的东西是什么？

是钻石？是白金？我同意青年商会信条中的那句话：“地球上最宝贵的东西是我们的人格。”当你衡量除了人格以外其他资源对这个世界的贡献时，你会发现其他任何资源都不能与之相提并论。回顾一下你的人生，最宝贵的瞬间都有哪些？想想你和他人共同度过的所有时光。甚至连你取得的成就，如果没有观众，都毫无意义。没有什么其他资源能像我们的人格一样给我们带来回报和解决问题的方法。

想想这个世界存在过的一切伟大事物，起初都是我们个体脑海中的一个概念。那些最伟大的思想、最慷慨的贡献、最宏伟的城市、最一流的医院、最优质的产品和最美丽的艺术品，无不出自人类之手。你比你能拥有的所有资源都强大，有更多的潜力，能让这个世界变得更加美好。你就是最宝贵的财富。

看了这个观点，你会采取什么行动？

56. 什么能给你带来前所未有的快感？

一顿大餐？一次海底游？一场有趣的电影？一个贵重的礼物？一张舒适的床？还是看着孩子开心地玩耍又或者是得到你仰慕的人赞赏？这些事都很吸引人，也都非常重要。但是，能带给你最持续、最温暖快感的事是帮助别人。

我们就是为帮助、服务他人而生的。我们也会本能地去这样做。所以，让我们主动伸出援手，释放内心付出的冲动吧。克服抑郁情绪的最佳、最高效的方式就是去帮助别人。当我们帮助别人时，我们就不再一心只想着自己，我们会把注意力放在别人身上。这个世界上最和谐的社会就是由那些持续帮助身边同胞的群体组成的。最伟大的公司和家族也往往是高度以服务和帮助别人为目标的。留意一下你周围的需求，你会发现每天都能找到服务别人的机会。抓住机会，伸出援手。你会非常庆幸你这样做了。

看了这个观点，你会采取什么行动？

57. 你有多少 SNUP？

SNUP 就是你经常做的但是无法产生积极作用的事情。S（Service）、N（No）、U（Useful）、P（Purpose）。

下面是一些例子：按老习惯做事，比如心仪的电视节目结束以后接着看电视看很久；把不想写的作业堆到一旁拖着不写，到最后不得不写三倍的作业；欠费前一刻才缴费；拖着不去看牙医，直到不得不去，结果多钻了好几颗牙；忽视你孩子不礼貌和危险的行为，你明明知道如果你不加以制止他们会变本加厉，但是你还是没有管。

这些行为没有一个会带来好结果，下面这些事也是：说“我不能”，其实你还没试着做过；告诉别人他们想听的，而不是事实；粉饰坏消息，导致别人因为低估了后果而没有采取应有的行动。我们生存的世界充斥着太多毫无用处的行为，所以请尽量确保你的世界是 SNUP 绝缘的。

看了这个观点，你会采取什么行动？

58. 朋友

拉尔夫·沃尔多·爱默生说过：“朋友就是那个可以让我推心置腹的人，在他面前，我可以敞开心扉。”如果你们是真正的朋友，你会接受对方最真实最本真的样子，如假包换。你可能不太认可他们的一些做法，不过你仍会从一个人的角度接受他们做你的朋友。他们也清楚，尽管自己的行为不是十全十美的，但是绝不会因此波及你们的友谊。这也就意味着他们在你身边能做他们自己，也接受同样真实的你。

这样的朋友其实非常难找——事实上，绝大多数人没有真正的朋友。爱默生还说过：“朋友堪称大自然的神作。”朋友可以在争吵过后还是朋友。他们可以不体贴、不关心甚至偶尔粗鲁，不过事后仍然是朋友。这一切都是因为你们接受彼此的本性和弱点。与此同时，朋友之间还有一种默契，他们会携手共同享受生活中的乐趣，共同度过各种艰难险阻。当我们在一起时，我们可以做回真正的自己，我们可以敞开心扉、畅所欲言。

看了这个观点，你会采取什么行动？

59. 一个孩子曾经说过，内心想听才是倾听

仅仅听到和真正的倾听之间有很大的差异。倾听是一个主动行为，这个过程包括探寻情感和信号，而不仅仅是捕捉只言片语。当你真正倾听一个人说话时，你会努力体会对方话语的内在含义，同时，你也在用这种方式向对方表示尊敬。人人都喜欢好的倾听者。他们会在我们受伤时安慰我们，在我们表达自己时欣赏我们，在我们说教时虚心地望着我们。对我们来说，最大的羞辱无非是被人忽视，而得到的最高嘉奖则是获得别人的倾听。

努力做一个积极的倾听者。把注意力放在别人身上，询问他们真正要表达的意思，重复他们说过的话以表示你听懂了，然后表现出你很在意他们说的话。一旦你做到这一点，别人会更加尊重你。做一个好的倾听者不需要征求别人的同意。你只要努力做到真正懂他们就可以了。所以，不要只是听他们说了什么话——倾听他们说话的意思。

看了这个观点，你会采取什么行动？

60. 友谊有哪几种类型？

我能想到的有挚友、生意伙伴、好邻居或者同一个社区的朋友。这些不同组别的朋友之间的差别在于你与他们之间承诺程度各有不同。对于挚友，我们之间的承诺一定是坚定、长久的；对于生意伙伴来说，我们对彼此的承诺可能只局限于业务领域；对于邻居来说，我们之间可能交往频繁，但是不见得关系紧密，同一个社区的朋友也是如此。

我觉得友谊的真谛在于对双方的接纳认可和对彼此的互相照顾。当我把

你看成是与我同一个层次的人或者同事时，我就会尊敬你。如果我还时刻关心着你的健康安危，那我就是重视你。

做一个列表，写出你生活中有哪些朋友。把所有人都列出来——把熟悉的不熟悉的都列出来，然后问问你自己，我表现出对他们的重视了吗？他们知道我把他们当作朋友了吗？有时候那些想成为你朋友的人只是在等你发出一个信号。

看了这个观点，你会采取什么行动？

61. 诚实

很多年前，我非常想购进一套厄尔·南丁格尔的音频激励教程。可是我当时没有那么多钱，所以我进音像店以后和销售员说，我只是想过来拷贝我一个朋友买过的音频专辑。对了，那个销售员的名字叫哈罗德。哈罗德问我为什么要拷贝这些音频，我告诉他我听过这些磁带，觉得深受鼓舞，觉得通过听这些录音，我能成为一个更好的人。他说："好，你可以直接过去拷贝你朋友买过的音频，不过你能答应我一件事吗？"我说："当然，你说。"他说："你能答应我去诚实专栏那个货架旁边拷贝这些已经购得版权的音频吗？"

我当时羞愧得无地自容！我是以追求成长和进步为目标去的，却无知地在这个过程中犯了不诚实的错误，欺骗了别人。取得自我进步和提升不能依靠不劳而获，不能一心只想着借别人的光，或者想钻空子不结账。你不能偷一个更好的自己，只能努力打造一个更好的自己。我们必须为自己的成长付出该付的代价。当我们这样做时，我们会更尊重自己，我们内心知道我们配得上我们取得的成功。

看了这个观点，你会采取什么行动？

62. 对自己负起责任

有年夏天，我给自己设了个目标，截至年底之前要不间断完成 16 千米跑步。一连几周，我每天跑步，大幅度提高了我跑步的里程数。但是到了感恩节期间，我放松下来了。直到新年前夕大概下午 5 点的时候，我突然想起来我的跑步目标还差一点没有完成。外面正在飘雪，但是我还是决定出去跑步，于是我多穿了几层衣服，戴上了滑雪面罩和手套。短暂热身过后，我走出家门，准备跑步。外面寒风刺骨，不一会儿我的滑雪面罩上就结了一层冰，不过我还是坚持在夜色中艰难前行，努力完成最后几公里。

我到家时，妻子正拿着相机等在门口，准备给我来一张抓拍。那张照片今天还在我的书桌上，照片中的我戴着结冰的滑雪面罩，鞋几乎被雪包住，在面罩下笑得合不拢嘴。这种完成任务后的成就感和自豪感远远盖过了跑步的艰辛，至今，我还为我那次成功感到激动不已。

当你为自己设定了一个目标，不要等别人催你了才去做。自己主动去做。你会庆幸你这么做了。

看了这个观点，你会采取什么行动?

63. 什么是最好的朋友?

不是所有朋友地位都一样——有一些能胜任“最好的朋友”。但是什么是最好的朋友，你又该如何交到一个最好的朋友呢?我觉得“最好的朋友”这个标签适用于每个人，它不像一场众多朋友争夺谁是第一的比赛。

下面是关于最好的朋友的一些标准：你们的友谊要以天长地久为标准，而不是只要大家“处得来”就行了。同时，你们必须保持对彼此友谊的承诺和情感投入，就算很长时间不联系。最好的朋友会处处为你着想，有时会以最大限度维护你的利益为出发点行动，就算你没有要求他这样做。最好的朋友就是你在某些方面的延伸，他们就像你的家人。你会和他们分享你的胜利，把他们看作你成功的一部分，你会拿恐惧给他们诉说，让他们为你排忧解难。你会记得他们的功劳，也会体谅他们的失败。一个最好的朋友是你在这个世界最宝贵的财富。

看了这个观点，你会采取什么行动?

64. 友谊是如何发展的?

友谊是人与人之间建立在信任和彼此欣赏之上的一种紧密关系。当你对一个人有好感、喜欢和他们在一起、会关心他们的近况时，你就是他们的朋友了。有时，友谊的产生是由于人与人之间的相似性。有时是因为有相同的理念和价值观，或者是因为在相处一段时间以后在彼此身上发现了闪光点。

但同时，友谊也需要我们主动地做出承诺与投入。熟人可能就只是我们认识的人，而朋友则是我们在意和关心的人。

请表现出你对朋友的关心。不要只是嘴上说说——通过实际行动展现。发一封体贴周到的祝贺信，在朋友沮丧的时候给他们鼓励，适时去拜访一下他们，给他们打个电话聊聊近况。用心倾听他们的心情和感受。接受他们本来的样子，不强迫他们按你的要求做出改变。赞扬他们身上优秀的品质。想办法让他们知道你把他们当朋友。

看了这个观点，你会采取什么行动?

65. 一个叫 WIIFM 的知名缩写

它的全称是"W（what's）、I（In）、I（It）、F（For）、M（Me）"，意思是："我能从这件事中得到什么？"销售员总要站在顾客的角度为他们回答这个问题，设身处地地看这笔销售能为顾客带来什么好处。但是下面给出的变形语会从根本上改变这个问题：每天问自己："我能为这件事做些什么？"不管什么时候，不要去想我能从中索取什么，而是问自己你为之付出了什么。

这有点像约翰·肯尼迪总统的那句名言："不要问你的国家能为你做什么，问问你能为你的国家做什么。"今天在完成下一个任务或做下一件事之前，先问问自己："我能通过什么方式多付出一些、多做一些事，让结果变得更好。"

看了这个观点，你会采取什么行动？

66. 最不可思议的秘密

20 世纪 60 年代，厄尔·南丁格尔发行了著名的《最不可思议的秘密》专辑。他专辑表达的主要内容是：现在的你就是你日思夜想的产物。我想说得更加形象具体一点。

我越来越发现，你会被你日思夜想的东西所吸引，会朝着它的方向不断靠近。你如果每天都在想一个目标，你会被吸引着一心想完成它，你会为了得到它浑身充满动力。如果你把自己想象成一个充满自信和能力的人，你就会最终变成一个自信、有能力的人。相反，如果你沉湎于悲观和担忧，你也将陷入令你恐惧之事无法自拔。

心思就是这样神奇的东西，我们控制自己心思的能力对我们至关重要。

那些会控制自己心思，能让自己远离悲观情绪朝着内心愿望前进的人往往能得到更好的结果。你最近一直在想什么？把注意力放在你想要的上面，而不是你害怕的。

看了这个观点，你会采取什么行动？

67. 毅力大于能力

我的朋友吉姆·当尼是美国橄榄球联盟的一名资深裁判，他曾经写过一本书，名字是《毅力大于能力》。是不是道出了真谛？每当我们要完成一件生活中的大事时，决定因素往往是我们完成它的毅力如何。任何情况下，一个面对成功有更多动力和毅力的人，和一个有更高能力的人相比，前者往往更可能取得成功。

能力只是潜在的，如果没有毅力来激发它，它得不到施展。一旦有了毅力，你就能不断克服遇到的阻力，不断在困难中爬起，直到坚持到最终胜利。所以，不要担心自己的能力不足以让你得到你想要的，只要你足够想要，有足够的愿望和毅力，就可以启程。然后，在前进的过程中，你会不断提高自己的能力，或者借鉴、借助其他人的能力，最终你就能到达成

我是如何激励我自己的

“我一直以来都和未来的自己有深层次的交流，我们经常对话，他现在已经成为我最亲密的知己、最严格的教练和最忠实的顾问。每当我生活中遇到困难，感到有一个巨大的障碍亘在我面前时，我就会问未来的自己，障碍的另一边是什么样子的。他总会鼓励我，告诉我这个‘巨大’的挑战只不过是路上的一个小坡，努努力就跨过去了。事实上，他总是告诉我，他绝大多数有价值的经验都是通过克服这些障碍获得的，因此我应该在跨越这些障碍的时候集中注意力，积累经验。”

丹尼斯·努梅拉

功的终点。在通往成功的路上，毅力大于能力。

看了这个观点，你会采取什么行动？

68. 说起性格，无外乎四种

你可以把任何一群人按照性格分成四种。这四种性格曾经有过许多其他名字，但是我把它们简单地归纳为领导者、协调者、社交者和思考者。

领导者喜欢掌控全局，他们擅长承担责任，通常以结果为目标导向。协调者更喜欢团队协作，擅长辅助别人，他们更多地以关系为目标导向。社交者则比较喜欢与人交谈，通常在一些互动活动中发挥主导作用，他们以活动为目标导向。思考者更多地关注事情的准确性和细节，他们以事情完成的完美程度为目标导向。领导者和社交者行动更加果敢迅速。思考者和协调者行动则慢一些。领导者和思考者更关注任务本身。社交者和协调者则更关注人。

下次遇见一个人时，观察一下他们表现出的特点，然后看看他们哪些特点和你一样，又有哪些不同。你是一个领导者、协调者、社交者，还是一个思考者？

看了这个观点，你会采取什么行动？

69. 人皆我师

爱默生曾经说过：“人皆有胜我之处，此处当为我所学。”没错，每个人在各自的领域都掌握一些我们不知道的知识，甚至包括那些平时我们不关注或不看好的人。当你以一个学生的心态接触每一个你刚认识的人时，你们的关系会展现出完全不同的状态。你会发自内心地欣赏他，而对方也能感受到你的敬意。

你有没有遇见过一些人，不知为何，就是第一面你就知道你一定会喜欢他们？与此相反的呢，你有没有觉得你和某些人就是不对付，也不知道哪里不对，就是各个方面都格格不入？原因就在于，当对方不欣赏我们时，我们是能感受得到的，即便对方没有刻意地表现出来。

所以，记住，每次新认识一个人时，先内心问问自己："我从面前的这个人身上能学到什么？"然后尝试着透过一些显而易见的优点或缺点感受一下他们看待这个世界的方法和角度。就算是一个无家可归的流浪汉，他对于街头生活的理解也一定比你丰富得多。总有些事情，是别人知道而你不知道的。你越是认识到这一点，你生活的效率就越高。相信我，不久以后，你会迫不及待地想去重新认识每一个人。

看了这个观点，你会采取什么行动？

70. 放松！

不要再为那些只是影响你心情的事情徒增压力了。当你觉得生活待你不公时，就尽快忘了这段不愉快的经历。把遭遇的每一次不幸都看作是一次修正航线的机会，而不是无法挽回的灾难。而且看在老天爷的分上，别斤斤计较没完没了。

有人冤枉你、错怪你，把事情说清楚了就让这件事过去吧，别老想着要讨个公平。首先，你是永远找不回"公平"的，你只能给双方带来更大的伤害。而且，这么做只会延长你消极的情绪。如果你损失钱财了，或者你的财产因为对方的疏忽受到了损失，追回损失就可以了。想想假如一场暴风雨刚刚席卷了你家的花园，你会怎么做。你不会去起诉气象服务站，或者一连几个礼拜抱怨损失、抱怨自己倒霉——你肯定会一心抓紧时间修复你的花园！请你在生活各个方面都这样做。放松一点！让我们轻装启程，继续成长。

看了这个观点，你会采取什么行动？

71. 绷紧！

生活中的懒散会让许多不稳定因素乘虚而入，使你的计划最终流产。请坚守目标，提高你的自律能力，掌握自我激励这门艺术。当我们疏忽大意，任由糟糕的情况继续恶化时，我们就在削弱自己的自律能力。这就像忽略对身上的某一块肌肉的锻炼，任由它萎缩退化。

给你自己设定一些标准，然后坚持遵守，就算你现在的生活中可能不是必须需要这些标准。如果你一直保持自己的办公室或家里干净整洁，那你可能在其他方面也井井有条，你会对自己更加满意，会欣然接受别人进入你的生活，也会更加积极乐观。所以事情都是彼此联系的——你在某一方面生活懒散，会让整个生活支离破碎。整理一下你的衣柜或车库吧。最好的办法就是在你想到的这一秒钟就马上采取行动。不要说："我等会儿再去做。"马上就做！绷紧，然后在你创造出的宽松空间里尽情享受。

看了这个观点，你会采取什么行动？

72. 关于激励的八个 T

下面是八个以 T 开头的单词，你可以将它们运用到自我激励和激励他人的过程中。

（1）目标（Target）：明确你要做什么以及为什么要这样做。

（2）工具（Tools）：如果没有助你完成目标的必要信息或装备，你会举步维艰。

（3）训练（Training）：你有没有尝试过通过一些学习或训练进一步帮你

提高做事的能力？

（4）时间（Time）：在训练过后，你有没有留足够的时间通过反复试错反复实践进一步吸收和理解你的训练内容？

（5）追踪（Tracking）：在你完成目标的过程中，确保对进度进行跟踪记录，让每个人都清楚自己所处的阶段。

（6）真相（Truth）：要有大局观，不要只见树木不见森林，要注意细节和整体计划的结合。

（7）参与（Touch）：允许有人为因素介入。确保每个人都能得到他们需要的鼓励和支持。

（8）信任（Trust）：让每个人都得到 120% 的信任。要让每个人有成长的空间，但是信任要适可而止，不能以牺牲每个人利益为代价。

看了这个观点，你会采取什么行动？

73. 终生学习

还记得你毕业那天吗？毕业，一个多么让人终生难忘的经历。不过，毕业这个概念，一旦到了它真正结束以后，往往可能会给我们带来负面作用。我们毕业了，我们就会在脑海中假设我们的任务完成了。但是生活中可没有毕业——生命不息，学习不止。

我记得有一个漫画标题是这样说的："主啊，不要让我肉体死亡之前就死去！"有些人就是这样——他们明明活着却拒绝学习和成长。当我们退出现实生活的舞台面对电视或电脑屏幕无所事事时，我们就是在放弃生活。对于这些人来说，生活当时是极其乏味的。

人类是高级智慧生物，我们需要不断获得新的信息和体验。把接受教育看作一个永无止境的过程。让每一个"毕业典礼"成为下一个人生学习阶段的“开学典礼”。坚持继续探索、继续认识新的人、解决更多问题、获得更多经历、踏上更多旅途、阅读更多书籍、学习更多知识。活着，就要有活着的样子!

看了这个观点，你会采取什么行动?

74. 平衡的生活是一个不可能的神话

大多数人追求生活平衡的方式是行不通的! 生活是一个复杂的混合体，它包含个人、职业、心理、身体、社会、情感和精神体验等方面。这些方面是彼此不可分割的，我们是完整的生命个体，而不是一个个模块的简单集合和堆砌。在你工作的时候，你的家庭生活仍然是你的一部分。在你学习的时候，你仍然能感受到生理需要。在你做任何事的同时，你身体或生活的其他方面也在积极参与。

要想取得生活的平衡，只要确保你生活各部分在它们偶尔有需要的时候能得到你全部的注意力就可以了。不过要分别在不同的时间处理不同的事。不要同时处理多件事，却每件事都做不好。每次全身心做好一件事。把一件事做好产生的溢出效应也足以让你受益匪浅。刻意地改善你的身材体貌，你的大脑也会更加自律。努力改善方法提升效率，你的人际关系和工作表现也会得到提升。提高你的人际交往能力，你会发现生活的各个方面都能得到回报。

看了这个观点，你会采取什么行动?

75. 行为经济学

每种行为的存在都有其独特的价值，同样道理，某种行为的缺失也会带来相应的损失。当你用理财的思路去管理和思考你的行为时，你就能把行动都投放在回报最高的方面，也就因此能大大提高行动的效率。举个例子，准备和筹划工作的价值体现在哪里？某些情况下，它们决定一切！第二次世界大战同盟军总司令艾森豪威尔将军曾经说过："计划本身没有价值，但是制订计划的过程决定成败。"

计划过程的价值体现在计划者要随时掌控全局，要思考如何将一切控制在可控范围内，这个过程是关键价值所在。而纸面上的计划在得到实施之前，往往毫无价值。真正有价值的、真正有经济价值的是具体的行为。再举个例子，礼貌的价值体现在哪里？当我们彬彬有礼时，我们能减少紧张气氛，能增进信任，而且往往能达成与他人的合作。从这个角度来衡量，价值就体现出来了。所以现在开始，赋予你每一个行为以金钱价值，把拖延症看成一种经济损失，将提高行为的准确性看作积累财富的手段。提醒自己，履行承诺就是在经营你的名誉，就是在建立合作。这就是行为经济学。

看了这个观点，你会采取什么行动？

76. 要热爱学习

哪个更有意义：是让你的孩子完成家庭作业，还是让他们爱上学习？如果他们完成了家庭作业，他们一定会学到些东西，但是那不代表他们一定享受这个过程。事实上，那些被逼着去学习的人往往会因此丧失对学习的动力，不想进一步学习深造。我们必须要培养我们自己和我们孩子对学习的真正热爱。我们要让学习变得有趣、变得引人入胜。

想办法把学习融入到我们的日常生活中。记录下你每天学到的东西。吃晚饭时，问问大家："今天你们学到了些什么？"每天问一次这个问题，让它成为一个饭前小仪式。当这种提问成为每天的一种本能反应时，那么基本上每个人也会开始每天主动地寻找最佳答案，他们也会因此主动学习一些新东西。不要把学习和获得更高的分数完全画等号，让了解新鲜事物成为学习的重要一部分。不要在家里做计分卡——这种事交给学校来做吧。培养自己面对学习主动乐观的态度就可以了。

看了这个观点，你会采取什么行动？

77. 守住你的大脑

今天的你是你大脑中接收过的思想、经历和信息的最终结果。从当下这一刻开始，你可以选择和甄别让哪些东西进入你的大脑。事实上，只要你想把未来掌握在自己手上，你就必须做出选择。

注意你每天听的、读的内容。注意你每天接触的五花八门的信息来源。好好想一想有百分之多少是积极的、是催人奋进的，又有百分之多少不是。举个例子：黑帮饶舌音乐/原创趣味音乐，恐怖小说/人物传记，肥皂剧/喜剧。

下一步，留意你每天经历何种类型的对话。如果你每天都花很多时间抱怨社会、抱怨政府和其他人，那你整个人看起来会越来越愤世嫉俗、冷漠悲观。提高你生活中积极因素的比例，让你日常生活中充满乐观的想法、快乐的谈话、轻松的音乐、有价值的信息和鼓舞人心的评价。你可以通过控制你大脑的准入机制来调整你对这个世界的看法。你已经在控制它了——它现在朝着你想要的方向前进了吗？如果没有，请有意识地改变一下。

看了这个观点，你会采取什么行动？

78. 哇！

每个人都喜欢发出这个声音："哇！"你懂我说的意思——有时你从坡上滑下、在冰面上滑行、在雪地穿梭或者在海浪中冲刺，都会有这种兴奋的感觉。有时在自行车、摩托车、敞篷车或私人飞机上，我们也能体验到这种感觉。内心深处的某个地方，我们都对这种自由滑翔、漂流和骑行的感觉有一种天生的热爱。又比如水上摩艇或滑翔风筝，以及类似蹦极和跳伞这些极限运动都能给我们带来这种感觉。

你怎么样才能“哇！”出来？有哪些经历曾让你“哇！”？你可能对这个问题不屑一顾，觉得这个问题太微不足道、太不专业，不过我知道内心深处你也喜欢这种感觉。

下次你在舞场滑步而过或坐在扶梯把手上顺势而下时，停下来留意一下你是不是不自觉地发出了“哇！”的声音，这是人类自然释放出来的一种欲望。如果生活中没有这些时不时发生的开心瞬间，那生活会是缺少乐趣的。尽情地去追求吧。

看了这个观点，你会采取什么行动？

79. 电子交流

工业时代，我们会学习一个叫作“眼神交流”的技能来帮助我们在面对面的会谈中取得成功：给对方一个坚定有力的握手，直视对方的眼睛，叫出对方的名字，清晰地表达自己的观点，关注对方的兴趣。

不过今天，我们之间的很多交流不再是面对面的，而是耳朵对媒体、面对电脑或面对智能手机的了。今天，我们需要补充升级我们的“眼神交流”技能，进一步培养锻炼我们的电子交流技能。下面是一些关于通过电子邮件维护人际关系的小建议（很多也适用于书面交流）：

标题栏就相当于你的第一次亮相。正如我们面对面交流时需要坚定有力地握手，我们在写邮件时也要迅速开门见山、直入主题。同时你还要在对方感兴趣的话题和你感兴趣的话题之间把握一个尺度，这就相当于我们面对面交流时的眼神交流。你在电子邮件中说话的方式和语气就相当于你现实说话时的语调。而你所写的内容是出于对方利益考虑还是出于你自身利益考虑，具体比例和尺度如何，就某种程度上反映了你的礼节。我们建立信任的方式和核心要素在哪里都通用，只不过在通过电子方式传递时，形式有所差别而已。

看了这个观点，你会采取什么行动？

80. 烂尾

人生最大的挫败感之一就是事情没有做完。将事情搁置不去完成会带来的结果就是每当我们想找个时间休息时，我们就想起还有一件事没做完呢。然后我们就会陷入新的两难困境：我是现在就把这件事收尾呢，还是以后再说？

拖延症能毁了你的生活。要我说，现在就把你没完成的事处理掉。梳理出你还没完成的事，然后一次性把它们全部清理：说出那句对不起，直面你的恐惧，偿还你欠下的债，表达你的感激，清理你生活的乱麻。要不处理它，要不就干脆放弃它，但是千万不要让它潜藏在阴影里，随时伺机在你准备工作或休息的时候出来打扰你。

自欺欺人地认为这次不做，下次会有更好的时机来做，是最错误的幻觉。现在是最好的时机，如果你现在就行动，那么就算你发现你其实不想做这件事，你也起码让自己以后的生活少了一件麻烦事。给自己真正的自由——去完成那些没完成的事，然后继续你快乐的生活。

看了这个观点，你会采取什么行动？

81. 李约翰的四个 D

著名时间管理专家李约翰经常提他的“四个 D 时间管理理念”。这是一个帮你处理大负荷工作、帮你重新掌控自己生活节奏的方法。他提的四个 D 分别指丢弃（Drop）、推迟（Delay）、委任（Delegate）和完成（Do）。

首先，问问自己：“有哪些事情我可以丢弃，又不对造成什么实质性的损失？”其实有很多需要我们费神完成的“工作”根本没那么重要，就算完成了也不会有什么实质性的作用。这种事就丢弃。然后继续问自己：“有哪些事可以稍稍推迟，等到有更多可用的信息和资源到位以后可以直接解决？”现在，你已经能砍掉一半的工作量了。下一步，问问自己：“我可以将哪些事情委任给别人做，以此来提高我完成任务的效率，减少我的负担？”最后，亲自去完成剩下的事。按照重要性高低排序来完成任务，但是确保所有事都得到处理。这样做会大幅度降低你的工作负荷，让你聪明地控制生活和工作的节奏。

看了这个观点，你会采取什么行动？

82. 你能贡献出什么？

现在捐赠时间和金钱的人越来越多，比历史上任何一个时期都多。尽管这个世界关于贪婪和自私的控诉仍然层出不穷，不过不可否认的是，人们表现出的慷慨也达到了一个空前的高度。需要资源捐助的慈善机构和群体也开始不断涌现，多种多样，但是整体上来看，捐赠的总额也在攀升。

人从本性上来看都是善良的，当他们看到别人有需求，内心帮助别人的冲动就会变得强烈。几年前海啸侵袭印度尼西亚，世界范围内灾难不断，这些我们都看在眼里，痛在心里。我们当中有的人捐钱，有的人捐出时间、财物，还有一些人贡献出他们的影响力。但相同的是，每个人都为这个世界做出了贡献。

你能贡献出什么呢？时间、金钱、才能还是工具？想想那些你关心的人和事业，然后问自己：“我能拿出最好的什么给他们？”不要只在物质上付出，你还可以付出你的技能和鼓励。同时别忘了问一问：“他们真正需要的是什么？”有时我们付出的会超出接收者真正的需求和期望，所以确保你提供的帮助是他们真正需要的。

看了这个观点，你会采取什么行动？

83. 你真正想要的是什么？

有人曾说：“我能通过你拥有什么判断出你想要什么。”我问：“是怎么做到的？”他说：“其实每个人基本上都已经拥有他们想要的一切了——只是他们自己意识不到。”

如果你想要的更多是安逸和轻松，而不是金钱，那你一定是一个时间非常多但不是非常富有的人。如果你更想要金钱，那么你一定休息时间都在努力工作赚钱，积累财富。如果你想要一份更好的工作，你一定会不断提高自己以适应更高的要求。如果你觉得换不换工作都无所谓，当然换一个更好，那么你得到理想工作的概率可能就非常低。人最终成功拿到属于自己的东西不是因为他们希望得到，而是因为他们真正想要得到。如果一个东西不能吸引你主动采取行动，那么你是不是真的想要它就要打一个问号了。

你真正想要的是什么？你正在努力让自己配得上你想要的目标吗？你会怎样调整自己的行动和需求，将更多精力和注意力放在更重要的事情上？

看了这个观点，你会采取什么行动？

84. 谁在管理你的名声？

你可以决定自己想要一个什么样的名声，并可以在相对较短的时间内凭借自己的努力获得这样的名声。你的名声是你的选择、表现、人际关系和行为标准共同作用的综合结果。别人了解你的方式是通过观察你上班和下班的行为、你公开场合讲话的内容和方式、你在没人的时候如何表现以及你对待其他人的方式。而这些方式，都在你的可控范围内。

所以今天就选择你从现在起几年内想要一个什么样的名声，然后问自己："如果我现在就已经拥有了那样的名声，我会以何种方式做我现在做的事情？"在你以未来的你来规范现在的你的行为时，你的名声也会发生同步的变化，相应地，你的成功也就慢慢随之而来。

> **我是如何激励我自己的**
>
> "音乐响起！有些音乐能给我带来激励。"
>
> 格哈德·阿普费尔塔勒

看了这个观点，你会采取什么行动？

85. 你的人际关系就是你的镜子

你的生活基本上就是你和他人种种互动过程的大集合，所以你日常交往的人就是判别你生活面貌的主要因素。改变你每天接触的人，你就基本改变了你的生活。你生活中接触最多的是哪些人？把眼光放到除了你家人之外的社会中的每一个人。你每天去什么地方？你去见什么人，和什么人交流互动？你周末会和谁一同度过？你会向哪些人寻求建议？你平时和谁一起玩耍娱乐？你最好的朋友是谁？你觉得谁和你最相似？

我们可以通过选择和谁在一起来决定我们自己生活的样子。我们平时谈论的话题也由此决定，因为我们谈论的内容一定是能引起谈话双方共同兴趣的。而我们谈论最多的话题往往能决定我们生活的走向。我的建议是，做你生活中人际关系的主人，把你日常生活中要接触的每一个人都列出来，评估一下他们给你带来了什么，你给他们又带来了什么，然后花更多精力培养那些在不同领域能给你带来最大价值的人际关系。

看了这个观点，你会采取什么行动？

86. 多阅读

作家查尔斯·T. 琼斯说：“五年以后，你还是你，和今天的你没有区别，除了你遇见过的人和阅读过的书。”我给你的忠告是，多阅读！那句古话“一个不读书的人和一个不识字的人半斤八两”，说得非常对。

你应该读多少书呢？据调查显示，美国大学毕业生平均一年的读书量仅为 1.25 本。很多人表示，他们的阅读量不止这些，除了书他们还读了：博客、报纸、杂志、邮件和一些小文章。是的，没错，一年下来我们会接收各种各样海量的信息。但是读书是一种完全不同的行为。

无论是小说还是非小说类的书籍，书和其他媒体信息的构成方式都是完全不同的。书籍中的文字往往有更深刻的思想，段落结构也更加清晰。你可以按照自己的节奏进行阅读，可以隔一段时间重复读，反复研习。

今天就去找点合你胃口的书吧。设立一个目标，一个月读一本，然后看看你的生活会变得多么丰富充实。所有你想知道和需要知道的，你都能在某本书中找到它们的影子。下次逛街的时候，把书店作为你的新目的地吧。

看了这个观点，你会采取什么行动？

87. 爷爷奶奶都是最好的历史老师

爷爷奶奶能发挥什么作用呢？我几年前就当爷爷了。观察父母和祖父母们在家庭中扮演什么角色是一件很有趣的事情。父母往往负责培育和教导孩子，塑造孩子的人格，培养他们一些常用技能；而祖父母们则往往扮演历史老师的角色。

起初，他们可能有点像多余的监护人，他们会溺爱孩子，会总是处处袒护孩子，不过随着孩子慢慢长大，祖父母就摇身一变，成了非常专业的指导者。他们会传授技能和窍门，会讲述家族故事，他们会以自己比孩子父母丰富得多的经验向孩子们展示他们对这个世界的看法。

我母亲就是一位伟大的太祖母，每次我们大家聚在一起，她都能通过讲一个古老的故事，迅速让我们了解家族的家训和历史。她会介绍我们家风的起源。她会让我们知道我们是如何通过家族和一脉相承的家风和先人们紧密连接在一起的。她让我们知道我们都是家族生命链条的一部分，让生活有了更深层次的意义。我真希望可以多花点时间陪陪我的祖父祖母。你呢？

看了这个观点，你会采取什么行动？

88. 艺术与手艺

我儿子 10 岁的时候参加了一个绘画班。有一次，我让儿子画一幅佛蒙特州乡间小路的画面，我曾在一本杂志上见过这张图。于是我儿子把这张图带到学校，让老师教他怎么画。我儿子当时还太小，他的作品最开始看上去非常的基础，不过最终完成以后看起来还是非常不错的。不过还是出现了一个问题：他在某个细节上犯了一个错误，就是那种拿颜料盖都盖不住的明显错误。

我让他尝试在原画上修补一下，尽量让它看起来像原图，他照做了。

然而，他的老师看到以后大惊失色！她说我这么做是在扼杀儿子的艺术创造力。其实她忽略了一个非常重要的事实，画画首先是一门手艺，然后才能上升为一门艺术。如果它已经是一门艺术，那么创造性的冲动才能优先于对图画准确性的要求。

我们做很多事情的时候，这个区别都适用。我们首先要掌握一门手艺，先要能把工作做好，然后我们才能用独特的方法表达出自己想要表达的艺术。没有手艺的艺术是粗糙的。没有艺术的手艺是死板的。二者各有作用，相辅相成。

看了这个观点，你会采取什么行动？

89. 价值是什么？

我曾经见过一个准宝石材质的以青金石为底座的精美地球仪。简直太漂亮了！但是当时美术馆要价 3000 美元，我觉得不太值。几年以后，一次在我去科罗拉多的时候，我又看见了同样的地球仪，只要 1000 美元，于是我就把它买下了。上周我竟然在一个商品目录里看到了标价为 297 美元的同款地球仪。可恶！我多花了 700 美元。不过仔细想想，真的是这样吗？

决定一件东西价值的是什么？当然，比较是我们购买过程中非常重要的一部分，但是除此之外还有一个重要的要素叫作“使用价值”。在我看来，你从一件产品中获得的价值才是最主要的要素。

我喜欢我的地球仪。我会偶尔看看它，每次前来拜访的客人也会对它赞不绝口，这就足够让我开心了。在使用方面，我已经值回了购买价钱。判断一件东西价值的最好方法不只是通过比较购物，而是看这件东西能给你带来多少使用价值。艺术有价值，工具有价值，服务也有价值，但是它们的价值都是建立在能给你带来的作用上。

看了这个观点，你会采取什么行动？

90. 现在开始太晚了？

在你想尝试一件新的或者重要的事情的时候，什么时候开始算太晚了？最有资格回答这个问题的是拥有4000名会员的美国演讲家协会创始人罗伯特。他61岁才开始他的第一次收费演讲，并在那之后连续创造了一系列职专业协会，至今还在为成千上万的人提供奖学金和接受教育的机会。

诺曼·文森特·皮尔完成他的畅销书《积极思考的力量》时，已经53岁。亨利·福特制造第一辆车的时候45岁。而肯德基是由哈兰德·桑德斯上校65岁时创立的。我觉得想确定现在开始是不是太晚了，就看看你现在是不是还活着。

只要你还能思考，只要你还在喘气，你就能有所作为，做有意义的事从来不嫌晚。就算最终完成决定性收尾工作的人不是你，你也起码扮演了抛砖引玉的角色！有没有一件事是你一直想做却又一直推迟没做的？今天就开始行动！

看了这个观点，你会采取什么行动？

91. 回应

我有一个好朋友，她成长在一个不太善于公开表达和沟通的家庭。你如果在家里说一些事情，他们会觉得没有必要公开回应你。他们会觉得他们自己听到了，就代表你也理所应当知道他们听见了。我如果在那个环境下，会疯的！像我这类人，就是要在别人的认可下才能最快成长的。

你呢？回应别人真的只是一种最基本的礼貌。顺便说一下，回应内容本身并不是最重要的，重要的是你要让你回应的人知道你回应他们了。当我们不知道对方有没有听到我们说话时，我们会一直说，或者会安静地等待对方的回应。

在和他人沟通时，养成清晰地回应对方的习惯。我朋友知道我这个人是需要明确的回应和反馈的，所以每当我得不到她的回应时，我就会直接说："应我一下啊。"然后她就会回应。有点尴尬，是，的确尴尬，但是总比引发争吵要好，起码目前看起来是这样的。

看了这个观点，你会采取什么行动？

92. 提建议

大多数人都很愿意在接受别人请求以后向对方提供建议，但是在没有接到对方请求的时候呢？如果你有一个建议想提，先确保对方有接受建议的愿望是非常有必要的。我是一个职业演讲者和顾问——我就是以给别人提供建议为生的。在我40多年给观众做演讲的职业生涯中，我发现我做的第一件事就是先确保观众想听我的建议。如果我只是站上台就开始滔滔不绝地给建议，大多数观众是不会接受的。但是当我花一些时间和他们交流，让他们知道我懂他们，让他们理解我为什么又将如何成为他们可以依赖的对象时，他们就会非常想听我的建议和想法。

你有没有在提建议的时候经常被拒绝的情况？对方甚至连考虑都不考虑。很扫兴是吗？这是因为人们往往会忘记让听众看到听的价值。我们要先让别人知道我们提供的信息的价值和意义，然后人们才会愿意相信我们说的话。

看了这个观点，你会采取什么行动？

93. “没有反思就没有收获”——凯文·巴克

试想一下，如果你每天都抽出一些时间反思你从生活中学到了什么，会发生什么？从我们日常简单的生活中，我们也能总结出大智慧。如果你回顾生活中经历的那些伟大瞬间，然后认真分析你当时是如何做到的，那你很有可能发现你的一些长处。

看完一场电影或戏剧以后，花点时间和小伙伴们讨论讨论剧情内涵，你就能不仅停留在观察的层面，还能从中获益。我的目标就是要让你注意到套路背后的规律——让你从平凡的生活中学到一些重要的知识。请踏上你的旅程，不要仅停留在我传授你的内容上，要让学习和反思成为你每天生活必不可少的一部分。

正如埃里克霍弗曾睿智地说过：“地球的继承者应该是那些持续学习者，而有学问的人会发现他们的知识永远比这个稍纵即逝的时代慢一拍。”永远学习，永远留意，永远关注。

看了这个观点，你会采取什么行动？

94. 天使

如果你想知道这个世界存不存在一个保护你的天使，可以试试下面这个练习。回顾一下你的人生，想想那些你本来能做、可能会做或本来想做却最终都没能做的事情。然后想想如果做了结果会怎么样。

举个例子：我总是回忆这些年来我遇到过的一些险情，如果我当时的行动有一点点偏差，结果可能就是灾难性的。在路上，我总是出于一种莫名的直觉和冲动采取一些行动，然后事后发现，我又一次将自己从一场差点发生的交通事故中解救了出来。我不知道我们身边是不是真的有守护天使存在，但是我知道我们无意做出的一些选择总是以一种无法解释的方式保护了我们。

有时候一意孤行可能会带来最坏的结果。但是有的时候却正好相反。把这些好都记在运气、暗示或者那个守护天使身上吧。不过无论如何，我们还是要记住，天有不测风云，有时肆意妄为只会自取灭亡。

看了这个观点，你会采取什么行动？

95. 愤怒会体现在态度上

数百名滞留的旅客排在机场登记口，焦急地等待航空公司重新给他们安排线路。许多人开始把愤怒发泄到航空公司服务人员和周围的身上。我的情绪最开始也朝着这个方向发展，沮丧的心情漫上心头，不过接着我想起，我可以控制我自己的态度。我缓慢地做了几个深呼吸然后问自己："我怎么样才能改变对这件事的看法和态度？"

我决定把这件事看成一件好事，也许借着这个机会我能发现什么意外惊喜或者遇到我未来人生的某个贵人呢。于是，我把沮丧的情绪放到一边然后对自己说："既来之则安之，反正你现在什么也改变不了。其他人都在痛苦地煎熬，但是你可以选择做一个冷静和积极乐观的榜样。现在就开始吧。"

这个过程并不轻松，但是我做到了。登记口的服务人员看到我一点沮丧的情绪都没有感到非常惊讶。她感谢了我的积极配合，然后安排我登上了下一个最早的航班。我没有得到免费升舱（早就被抢光了），不过我在路上交了一个新朋友，而且全程享受到了优质的服务。所有这一切都源自一个我临场想到的问题："我怎么样才能改变对这件事的看法和态度？"当你需要一个新的思考问题的视角时，问问自己这个问题。

看了这个观点，你会采取什么行动？

96. 销售的艺术

我有一幅我从来没打算买过的画，但是我现在非常喜欢它。那是一次我和葆拉去艺术馆的时候，晚饭前我们去消磨消磨时间。我们看到了一幅非常精致的画，售货员问我们要不要换一个光线来欣赏它？我说："不要，谢谢。"但葆拉却说："要！"于是售货员把画取下来放到了观赏区，然后我们仔细地欣赏了一下这幅画。然后售货员又问我们要不要把它拿回家挂在客厅里看看效果。又和上次一样，我说："不要，谢谢。"葆拉说："要！"一番讨论过后，我们同意了采用试用购买的方式买下了这幅画。最终我们保留了这幅画，一直保留到今天。

我们买下这幅画主要有三个原因：

（1）售货员主动帮助我们认真检查它。

（2）售货员同意为我们提供包含退货条款的试用购买。

（3）我妻子想要这幅画，而我爱我的妻子。

这三个原因有哪个是无关紧要的吗？没有——每个原因对购买决定的产生都起着不可缺少的作用。莫特利曾经说过："一切都要从你卖出去了一个东西开始。"

看了这个观点，你会采取什么行动？

97. 态度

我喜欢那句古话："决定你高度的不是你的天赋，而是你的态度。"这句话千真万确：任何一个领域的顶尖人才都是那些拥有健康心态和执着精神的人，而不仅仅是那些聪明绝顶或者准备充分的人。

好消息是，你的态度是可以由你掌控的。你应该这样想——态度不是心情，是一种角度！当你转变看待一件事的方式时，你也会转变你面对这件事的反应。例如，如果你把一次航班取消看作一场灾难，那你一定会陷入苦恼和绝望。不过换个角度，你如果把它看成一个别人硬塞给你的让你重新考虑的机会，那么你就会寻找新的思考方式，说不定觉得这场出行根本没必要了呢。没准你会觉得进行一场电话会议就可以了，没必要出这趟门。一切都在于你怎么看待你所处的情况。

看了这个观点，你会采取什么行动？

98. 本真

还记得在你需要安慰时祖母给你的建议吗？“做自己。”这句话其实正是我们很多人需要听到的。当我们不再试图用我们的小聪明、资历、人脉和魅力去刻意地讨好别人时，我们反倒能给别人留下更好的印象。是不是有些讽刺？仅仅通过做真实的自己，你就能让更多的人感受到你的魅力并记住你，而不是靠伪装自己去误导他人。

我记得曾经有人试图想用镇住我的方式引起我的注意。不过这些瞬间从未引起我心里的任何波澜，我从未因此被打动。但是我又想了想自己得到别人最多认可和接纳的时候，正是我自己没有察觉、没有刻意地想讨好别人的时候。

同样的道理适用于我们每个人。如果你真想得到别人的接纳，就不要尝试主动讨好，只要表现出你对他们感兴趣，然后表达出适当的敬意就可以了。当你把注意力放在对方身上，而不是过多地考虑自己该如何表现，你就实现了“做真正的自己”。毕竟，你也只能做到这些。

看了这个观点，你会采取什么行动？

99. 宝宝

我有一张非常喜欢的贺卡，上面写着：“你的宝宝不是被宠坏（变质）了……他们天生就是这个味道！”有人说：“一个婴儿的诞生就是上帝的旨意，告诉我们这个世界还要继续。”我们的基因密码决定了我们要繁殖、养育和保护我们的后代。不过有一些人很喜欢孩子，而有一些人则觉得孩子很烦人。其实大多数说他们“不喜欢”孩子的人，实际上真正要表达的意思是他们不知道该如何在孩子面前表现。

我妻子非常喜欢带年龄很小的孩子，尤其是没有丝毫自理能力的婴儿，而我则更喜欢我能与其进行言语交流的孩子。我喜欢给他们讲故事，带他们探索未知事物。现在，我也当爷爷了，我发现面对孙子孙女，我总有讲不完的新故事。

你和我天生就有做父母的能力和天赋。这并不代表我们不需要去学习如何成为一个好父母，但是我们的确拥有大部分做好父母的基础本能。所以，下次你再接触小孩子，不要担心不知道该怎么做——展现出你对他的兴趣就可以了。听他们说话，问他们的想法，然后把你在他们身上发现的优秀品质和闪光点告诉他们。

看了这个观点，你会采取什么行动？

100. 与你的另一半共事

很多年前，我妻子辞掉了在外面的工作，来到我的公司工作。起初，在她来我公司工作时，我们总会遇到很多尴尬的情况，我们总会混淆婚姻关系和工作关系。然后有一天，我们坐下来仔细谈了谈她的这份新工作。我们没有谈作为夫妻这层关系，仅仅谈了谈关于她新岗位的具体职责问题。慢慢地，随着我们逐渐把婚姻角色和工作角色区分开，以前那些尴尬的时刻消失了！

无论何时，只要两个人有除了工作关系以外的任何私人关系，他们就需要提前明确好双方的具体角色、责任和对彼此的期望和要求。你扮演的角色就是你收取报酬的标准——以结果衡量，而不仅是行动。你承担的责任就是你负责的领域。而对彼此的期望就是你们双方协商一致要达到的标准。提前把这些讲清楚，剩下的工作便是水到渠成的了。记住，你们的工作关系和你们的婚姻关系不一样。

看了这个观点，你会采取什么行动?

101. 信仰

如果一件事不能影响你的行动，那么你是不是真的相信它就值得怀疑了?我不记得这话最开始是谁说的了，不过它的确影响了我很多年。当我们说我们相信某件事的时候，最快能够检验出我们说的是否是实话的方式就是去观察我们的行为。

你相信吗?只要你下定决心，你能做到几乎任何事。除了少数几个例外，我发现这句话说的是事实。有时我们还可以借助别人的帮助完成我们的目标，几乎所有事我们都能做到。所以，你想要的是什么?你想要的是更多的钱吗?你现在如何利用每天赚到的钱?你在如何使今天的钱明天变得更值钱?你想要的是一副更加匀称苗条的身材吗?那你为下一顿饭安排了什么样的食谱?你今天几点锻炼身体?

每个人都会找借口，但是只有那些真正相信自己的人才会跨过借口，千方百计地达成自己想要的目标。无论你的目标是什么，问问你自己，我相信自己能完成这件事吗?再问问自己，这件事是我真正想要的吗?现在就做吧!

看了这个观点，你会采取什么行动？

102. 变老

我出生的时候，当时的平均房价比今天汽车的均价还要低。当时正处于战后婴儿潮，一个一般的家庭里连私人电话都没有，大多数电话号码还是五位的。汽车对于大多数家庭来说还是绝对奢侈品，就连电视都是好几年以后才普及的。

你会说，我老了？当然，不过今天的我，趁着离退休还有好几年的时间，会去尝试长途摩托车之旅、蹦极、去附近爬山，每个月还会看几场电影。我的老和上一辈人的老完全不同。

我们现在的社会已经重新定义了老。今天我们说一个人老，不是指他实际生理年龄有多大，而更多的是指他心理和身体状态的退化程度。你觉得你第一次变老会在多大年龄？从我个人角度讲，我会努力永久推迟这一天的到来。只要你还活着，就请充满活力，想办法生活得更加充实，去更慷慨地付出，去更真诚地热爱。这样你永远也不会变老。

补充一句，当你发现自己没有再去完成那些重要事情的责任感时，你就开始变老了。找到一个你需要和需要你的地方，投入进去。

看了这个观点，你会采取什么行动？

103. 保险杠贴纸

如果你有一张能代表你个性和身份的保险杠贴纸，你会在上面写什么？你会写“自豪的父母”“棒球迷”，还是“政治狂”？大多数人觉得很难只用一个词精准概括出他们是谁。但是我们大多数人却往往会依据别人的“保险杠贴纸”快速且单一地形成对一个人的第一印象，这个贴纸已经成为我们向这个世界表达自己的象征性说明。

你衣领上方露出的那个文身又代表了你什么呢？你身上的穿体装饰呢？你那脏兮兮的全是洞的衣服呢？有些人反对，他们说：“你不能仅通过我的穿着来判断我是什么人，这不是我的全部！”这句话我同意。但是绝大多数情况下，我们穿在外面的服饰、露在外面的保险杠贴纸往往是这个世界大多数人评价我们的重要依据。当他们看见一个极其不修边幅的人，他们自然而然会假设这个人在生活的其他方面也没有规矩，自由散漫。因此，好好设计一下别人第一眼就能看到的保险杠贴纸。也许是时候换一张新的贴纸了，比如“一个追求上进的司机”。

看了这个观点，你会采取什么行动？

104. 事业

是你选择了你的事业，还是你的事业选择了你？你选择你现在的工作是出于一种有意图的、战略性的考虑，为了最终达成你的人生目标？还是你只是为了钱才选择这份工作？

我回想起我 20 多岁结婚的时候，那个时候我还没有属于我的事业，所以我决定去一些赚钱的行业试一试，希望能让我以后变得富有。我选定了证券（股票和债券）和房地产行业，然后我两个行业都做了。最开始，我去卖互惠基金和人寿保险。然后我又投身到房地产销售。不过这两份工作都没能给予我我一直在寻找的那种满足感。我参加了大学课程，我努力地学习，拼命地工作，但是就是找不到那种“使命感”。然后有一天，我的上司让我去培训同事一些关于销售技巧的知识，我发现这件事我喜欢！我找到了我的使命感——帮助别人成长。这件事引发了接下来我的一系列工作变动，最终我成为一名职业演讲者和作家。现在，大概 40 年过去了，我获得了我在其他任何一个行业都无法取得的成就。

当你考虑你要选择的事业时，不要苟且于眼前，要把眼光放长远；不要只关注工作内容，要去关注工作的意义。关注你的工作付出会给他人带来什么，然后不断积累这份热情。把你做的看成事业，而不仅是一件事情。

看了这个观点，你会采取什么行动？

105. 不喜欢

我们喜欢或不喜欢一个人往往没有具体的理由，而是因为我们的个人感受。有一些感受其实不是出于我们的主观意识。有时，不知何种原因我们就会对某件事、某个人产生某种看法。这种直觉产生的看法有时很灵，不过有时会给我们带来灾难性的误导。

我想起许多年前和我在一个办公室共事的一名同事。我最开始并不喜欢他，不过随着我越来越了解他……我就越来越喜欢他。亚伯拉罕·林肯有句名言："我不是很喜欢那个人，所以我必须多去了解一下他。"评判别人是我们的一种本能反应，不过能超越这种本能看本质，就需要我们的智慧了。下次你再对别人产生某种不好的感受时，停下来想一想然后问问自己："我如果喜欢这个人会怎么样？如果我喜欢他，我现在会如何看待他？"一点心态上的变化可能就会给你们的关系带来巨大的转机。

> **我是如何激励我自己的**
>
> "适度运动，准备好咖啡、椰子水，摆好姿势、蓄势待发。"
>
> 克兰·约翰·法雷尔·史密斯

看了这个观点，你会采取什么行动？

106. 挑战

“如果我能代你练肌肉就好了，那样的话我现在就能替你做这些练习。”这话说得有点疯狂是吗？如果你不做练习，你永远也练不出肌肉！为了成长，我们需要挑战。有时我们就是需要把一切抛在脑后，奋不顾身。我们需要那些我们还不知道该如何解决的问题和挑战。这也正是我们的社会能不断进步的原因。我们不能没有挑战！

你最近受到过多大的挑战？如果你刚经历了一段相对轻松的时期，那么现在是时候去寻找一些新的挑战了。如果此时你正在应对很多挑战，鼓励一下自己，告诉自己这是唯一能让你变得更有能力、更有创造力和自信的方法。你遇到的挑战越多，你的信心和技能提升的速度也越快。所以感谢命运的垂青，能让你接受这么多挑战吧，如果你还没有遇到什么挑战，主动去寻找。亲爱的志愿者，举起你的手，主动承担更多责任吧，你会庆幸你这么做了。

看了这个观点，你会采取什么行动？

107. 变化

全世界的公司都在举办有关如何应对变化的培训。他们鼓励人们去拥抱变化，甚至去引领变化。不过他们有一个错误的基本假设。他们主观地认为人都是天生抵抗变化的。大错特错！人喜欢变化，只要是朝着好的方向变化。我们都喜欢新车、新朋友、新假期、新电影，我们喜欢一切新的东西。不过我们不喜欢那些打破我们舒适生活的变化。

我们都知道用原来的习惯生活更轻松、更容易，而不愿意去尝试新的，尤其未经证明是否可行的习惯。不过有时，主动做出改变是有必要的。当我们没有办法从竞争对手当中脱颖而出时，我们需要做出改变。当我们相当长一段时间都没有取得任何进展时，我们必须做出改变。但是当涉及一些高标准、核心价值和对他人的承诺时，改变就不是一个好的选择。

当你需要提升和进步时，拥抱变化，当某种变化触及你捍卫的原则和立场时，拒绝变化。我记得一个朋友曾和我说："希望你一直这样，永远别变。"这是一句评价很高的赞美，但是如果我一直原地踏步毫无进步，那么估计以后不会有人拿这句话当赞美来和我说了。

看了这个观点，你会采取什么行动？

108. 品格

我的朋友罗伯特曾经说过："品格就是在你下定决心这一刻起很长一段时间里，甚至在当时那股热情已经消失殆尽时，你仍然能坚持自己的目标，持之以恒的能力。"这句话基本概括出了我对品格的理解。每个人都会下决心做或者不做一些事情，经常是在新年前后我们会下很多决心。但是很少有人能坚持下去。为什么会这样？我们该如何培养自己的"品格"？

我相信品格是可以后天培养的，通过不断完成自己设定的目标，我们就可以培养品格。你实现的决心越多，你对自己品格的认知就会越清晰。正如乔治·温伯格所说："自我创造原则就是：每一次行动背后，都是对行动动机思考的加深。"他说，通过行动去启发思考要比通过思考去驱动行为更容易。

下次你决心做什么时，就直接去做！许下一个承诺然后立刻开始行动。

看了这个观点，你会采取什么行动？

109. 留下一份遗产

你将如何被别人记住？不要担心如果你今天就去世了别人会如何记住你。现在就开始计划，你想如何被别人永久地记住？我们每个人都会留下遗物，有的是好的，有的是坏的。但是如果我们能提前决定我们想要留下什么，那么我们就能最终让这个目标成为现实。

试试下面这个练习：写一写，你想让你的孩子们如何评价你对他们做过的一切，写一段描述。写得尽可能地真实，就像他们正站在你的面前说这些话。接下来，写一份“遗产声明”，先以你同事的角度来写；然后再以你曾经客户和顾客的角度来写；最后，以你所在社区的角度来写。

把这些你写的假设声明合成一个总体段落，你就能得到一份相当全面的指导，引领你朝着自己想要的名声前进。记住，要像那个你希望被别人记住的样子一样生活。

看了这个观点，你会采取什么行动？

110. 选择

维克多·弗兰克尔曾写过一本书叫作《人类寻找的意义》。他在书中说我们每个人都有一种与生俱来且不可剥夺的权利，那就是选择的权利。不管面对何种情况，我们都起码有权利选择如何思考、如何反应、如何处理。而这很有可能就是我们的终极权利。

我的朋友米切尔在一次意外中被烧得面目全非，又在另一场事故中丧失了行走的能力，不过他还是凭借自己的努力成为他所在那座城市的市长，成为一名脱口秀电台的评论员，还最终成为一名职业演说家，周游世界——尽管是坐在轮椅上！他的个人座右铭是“你身上发生了什么不重要，重要的是你如何应对它”。

你我都有这个终极权利：选择的权利，选择如何接住生活抛给我们的一切。智慧地选择。

看了这个观点，你会采取什么行动？

111. 常识

有人说常识麻烦的地方就在于它没有那么常见。什么是常识？我觉得就是想把一件事情做好所需要的基本能力和知识。如果你正在搬一个易碎的东西，那轻拿轻放就是常识。如果你在请求别人的帮助，那你要知道要有起码的礼貌和尊重才能获得别人的帮助，这就是常识。如果你希望有一个好的结果，那你要知道要采取应有的行动去努力争取，这就是常识。

我喜欢菲儿博士曾经问过的一个问题，在一档他非常受欢迎的电视节目上，他采访了一系列生活不正常的人的生活状态，然后问他们为什么这样生活。他问：“你觉得这种生活怎么样？”答案几乎都是一致的，不甚理想。我们经常会做出一些不符合常识的事情是因为我们总是感情用事，而不考虑逻辑。下次你再遇到挑战时，问问自己：“做这件事需要什么常识？”可能这个常识就能指引你，给你带来最好的结果。

看了这个观点，你会采取什么行动？

112. 一段关系

什么是一段关系？我觉得它就是一个通过交换价值将人与人连接在一起的过程。在天平的一端，是与我们萍水相逢的朋友，而在另一端，是我们坚定忠诚的合作伙伴。对于与我们萍水相逢的朋友，我们只是希望他们不会伤害我们。我们会彼此微笑道好，但是并不知根知底，我们之间没有紧密的承诺和联系。对于这些泛泛之交，我们的信任和期望值是比较低的。

但是一旦我们建立了“一段关系”，可以说，我们就自然提高了对彼此的期待，我们希望对方会主动照顾我们，为我们着想，即使这种照顾我们有时并不需要。作为夫妻，我们希望我们的配偶不仅为自己考虑，还要为对方考虑。作为同事，我们也同样希望他们能照顾到我们的感受。在一段彼此承诺的关系里，相互的信任程度很高，对彼此的期待也同样很高。

把你拥有的所有关系列在一张纸上，将他们按照熟人和伙伴的属性打分，一分是泛泛之交，五分是坚定忠诚的伙伴，然后想想你如何才能提高与每个人之间信任的程度。如果你有办法将更多的朋友划归到伙伴那一属性栏，那么你生活中收获的真挚友谊也会更多，你的生活也将充满更多的可能。

看了这个观点，你会采取什么行动？

113. 知其然和知其所以然

古话说，一个“知其然（知道如何做）”的人可能有一份工作，但是一个“知其所以然（知道为什么做）”的人能当前者的老板。这句话基本是正确的。你越是理解一个进程背后的宗旨和目的，你越能处于一个统领全局的领导地位。

所以想在任何组织中占得鳌头，都需要研究这个组织成立的宗旨和使命。多问一问：“这个组织存在的原因是什么？”为什么它能存在发展到今天？为什么我们专注于这个细分领域的市场？为什么我们提供这个产品或服务？为什么我们用这种方式做事？

随着你对这些答案的理解越来越深刻，你对组织的贡献能力和领导能力也会相应地得到提高。之所以有些人能做经理和领导，不仅是因为他们做的事，更重要的是他们能像一个领导者一样思考。学习像一个领导者一样思考，你成为一个领导者的可能性也会大幅度地提高。

看了这个观点，你会采取什么行动？

114. 学习如何学习

我曾经有一个拥有营销学博士学位的生意合作伙伴。他接受的教育让我敬佩不已，不过更让我印象深刻的是他不仅在营销学方面造诣颇深，而且还懂得不断学习如何学习！他知道如何做主题研究、如何测试结论、如何构建信息以方便更好地理解和记忆——简而言之，他知道如何做一名真正的好学生。而我，没有博士学位，没有在学校学过这些技能。我只能靠自己一点点摸索着自学。

我们所处的社会评判学习的标准是记忆信息和知识的能力，如果我们能把知识记住然后考试的时候原封不动地陈述出来，我们就可以说自己“学会了”。但是那只是一种静态的教育，只有对于一个永不变化的世界才完美契合。今天，我们认识到，学习必须是一个永不休止的过程。我们不仅要学习，还要让自己成为一个善于学习的人。人们都说，那些手里仅掌握已有知识和信息的人永远只能满足过去的世界，而那些不断学习的人才能真正引领这个世界。

看了这个观点，你会采取什么行动？

115. 认可增进沟通

在一次咨询业务中，我接触到一家部门之间钩心斗角、充满恶性竞争的公司。公司内部拉帮结派，沟通只局限于小圈子，每个人都独善其身、各扫门前雪。公司经理请我帮忙改善公司内部整体的沟通。

我做的第一件事就是制定了一项所有员工都必须遵守的新规定。我要求他们每个人都要经常向彼此表达认可——当他们在过道迎面走过时，当他们在停车场相遇时，当他们中午吃饭并排而坐时。我让他们达成了一致意见，每次遇见对方都要说“你好”，或者至少要向对方点头微笑。

这个简单的行为带来的效果是惊人的！在他们养成了见到对方打招呼的新习惯以后，他们就开始逐渐更加开放地交流了。他们不再以“我们”和“他们”角度思考问题。相反，他们开始将每个人看成自己团队的一部分。

同样的道理适用于任何社区或者组织。我们彼此认可的程度和频率越高，我们之间的联系就越紧密。所以，抬头、微笑，多和对方打招呼。

看了这个观点，你会采取什么行动？

116. 一成不变的生活是一座坟墓：惯性和有目标的行动

就像厄尔·南丁格尔曾经说的：“陷入车辙（一成不变的生活）就如跌入坟墓，两头封堵，让你动弹不得。”有时候我们生活的惯性会妨碍我们取得更大的成就。坚持记一周日志。日志上，记录你每天做的一切。一切！时不时整理一下你的日志，看一看你是如何开始每一天的，先做了什么，后做了什么，等等。留意一下你每天花在各种活动上的时间，包括休息和娱乐活动。记录你何时会休息或发呆，每次会持续多长时间。

顺着惯性随意生活可能是轻松愉快的，但是这样的生活注定不会太高产。随着你越来越有意识地察觉到自己的生活习惯和惯性，你也要定期反思，看这些习惯多大程度上能给你的生活带来积极的影响，然后重新思考这些生活模式的合理性。每天为你的生活增添一些有意义的活动，你的生活也将充满更多的满足和成就。

一成不变也不错，只要这样的生活能给我们带来想要的结果。如果不能，那么这种生活就只是一种逃避充实的借口。

看了这个观点，你会采取什么行动？

117. 寻根——你是最新版

你是你所有祖先的综合体——他们的生活方式、他们的基因、他们的经历和他们的成就共同作用，创造出了现在的你。想想这可真够令人激动。如果没有他们，也不会有现在的你。他们身上的零零星星，好的也好，坏的也好，共同组成了现在的你。

下一个问题，问问自己：你会为这个生生不息、一脉相传的家族链条做出什么贡献？你的成就、你的健康情况和身形、你接受的教育都会融进你家族的基因池中。你留下的一切会一直存在，并持续几代之久。即使你没有子孙后代，你对这个社会的贡献也将持续地对未来产生影响。你做的事和你坚持不做的事，都将共同组成未来大画卷的一部分。

我相信我们每个人天生都被赋予了一系列能够改变世界的天赋。有些天赋可能相对普通，有些则十分惊艳，不过这些天赋会聚集在一起，给这个世界带来巨大影响。请最大限度挖掘自己的潜力，尽你所能帮助他人。我们需要你的贡献。

看了这个观点，你会采取什么行动？

118. 你真能发挥作用吗？你已经在发挥作用了

你能发挥作用。是的，就是现在，按照现在的进展，你已经在这个世界发挥自己的作用了。如果没有你，生活完全会是另一番模样。记得吉米·斯图尔特在电影《生活多美好》中扮演的角色吗？电影中的他觉得自己的存在无关紧要，但是当天使让他看了一眼这个世界如果没有他会怎样以后，他突然发现他那微不足道的贡献似乎对于这个世界有举足轻重的作用。

你也是如此。你的存在不是一场偶然，你的一生很要紧。你能为这个世界做出伟大的贡献，其影响范围超出你的意料能力之外。你的一句善意话语可能会鼓励一个濒临绝望之人重整旗鼓。你的一句真诚赞美可能会帮助一个人发掘他从未发现的潜能，并将它发挥得更加淋漓尽致。你身体力行，会激励他人加倍努力。我们都发挥着重要作用，我们付出的一切都有重要意义。尽你所能去付出，去成为你应该成为的人，去做你能做到的最好。

看了这个观点，你会采取什么行动？

119. 你学到了什么？传递下去

最近几年，兴起了一股组建“学习型机构”的大潮流。这些组织机构以不断获取知识和信息为目标，然后记录并分享他们获得的知识。随着这些组织不断发展壮大，他们越来越发现他们拥有的最有价值的财产不是有形资产，而是他们的集体认知和每个个体的经历。

你在一个企业里面做的时间越长，你掌握的信息量和理解能力也就越高。可悲的恰恰是信息和知识得不到共享的时候。如果你在企业里学到很多，然后就辞职或者换工作，谁获利了？只有你自己。但是如果你和其他人都能时常彼此分享知识和信息，那么每个人的认知水平都会得到提升。

想办法让分享知识成为你日常生活的一部分。分享你和每一个项目和顾客之间故事。向他人展示你的技巧。向他人学习，与别人共同学习并坚持自我学习，但是请一定确保把知识和经验传递下去，让学习之火永远燃烧。

看了这个观点，你会采取什么行动？

120. 奢侈品：是什么？对谁而言？

我记得曾经对于我来说，能吃一顿牛排就是真正的奢侈。那时候，我和我的小伙伴们偶尔会去西式牛排餐厅点一份丁骨牛排。吃得别提有多开心了。我还记得那个时候给车里安过电动车窗，给家里配过两部电话，这些在当时都算得上是奢侈品了。

在你眼里，什么算得上是奢侈品？请一天假？拥有一台自己的车？今天的我们，已经被宠坏了，觉得奢侈品简直已经成为生活必需品。但其实不见得一定是顶级的住所或私人飞机才算得上是奢侈品。任何能满足我们基本需求以外的东西都是奢侈品。

当你拿一个美国人的日常生活方式和世界上大多数国家人的生活比较，你很快会发现，我们简直像生活在二次元充满财富的虚拟世界里！

我们有自己的电脑、智能手机、电视、汽车、电话号码、信用卡和图书馆特权；我们能在一个影城里同时放映十二部电影；商场里的商品琳琅满目；洗车服务随处可见；医疗护理触手可及；学校教育普及大众；遇到紧急情况，只要拨一个 911（报警）就行了。这种生活简直是太舒服了。感谢所有这些你生活中的奢侈品吧。

> **我是如何激励我自己的**
>
> “一九八几年的时候，我找了一个绩效心理学家对我进行辅导和训练。从此以后一劳永逸。”
>
> 诺曼·A. 胡德

看了这个观点，你会采取什么行动？

121. 思考就是工作

有的时候，就什么也不做，真的也可以很高效。在一整天司空见惯的忙碌过后，我们总会忽略一件事，那就是安静思考的价值。有的时候我们需要坐下来好好思考一下。

你会发现，在大多数组织机构中，所处的层级越高，人们用于思考的时间就越多。高管、科学家、研究人员、发明家、哲学家和领导正是因为思考得更多而取得了非凡的成就。他们绝大多数情况下都会按照自己的想法采取相应的行动，但是价值的产生往往首先来源于想法。

你上次刻意抽出 15 分钟时间专注于思考如何把事情做得更好是什么时候？每天只花 15 分钟认真思考，一周下来你就能想出大量新的点子和办法。总会有一两个取得令你意想不到的结果！往往，一个好点子就可能孕育一家公司，就能让一个滞销品变为畅销品，或者能鼓励一个人突破自己的极限。多花些时间去思考吧。说不准你会发现什么。

看了这个观点，你会采取什么行动？

122. 罗纳德 · 里根：他的乐趣与职业道德

罗纳德 · 里根总统以前工作之余经常会去圣塔芭芭拉的一座山上农场散心，度过自己的休闲时光。那是一个只有一间小房和数公里马匹步道的小地方，弥漫着乡土气息。他平时会在那里锻炼身体、颐养身心。有时修剪灌木丛，有时清理小道、劈柴伐木。他是这片自由天地的领袖，但是他选择身着牛仔裤和手套，做一名牧场工人……而且做得津津有味。在那儿度过的时光给了他一个强健的身体，同时也让他保持了一个谦卑的心态。他永远记得全身被汗水浸透、浑身肌肉疼痛的感觉。与此同时，他还是一名非常出色的骑手。他精心照料自己的马，喂马，每天练习骑马。

这一点真的让我十分敬佩。以他的身份，他可以轻而易举地将除了骑马以外的其他所有事情交给其他人来做。他本可以花钱雇人清理马道，永远不必双手染泥，但是他没有这样做。因为他知道努力用心做一件事情能带来一种乐趣和成就感，他尊重那些为了生活和信念苦苦劳动、默默坚守的普通大众。我想我们每个人都可以以里根总统为榜样。

看了这个观点，你会采取什么行动？

123. 青年时期的天真

我 20 多岁的时候以为我知道这个世界需要什么，并知道如何实现它。我还认为我能活很长很长时间，我能战胜我遇到的所有病痛与伤害。天真的心态对于年轻人来说是一针强心剂，不过有时却也暗藏危机。

我猜想这句话对任何一个年龄阶段的人来说都适用。对于任何一个给定的主题，我们都永远无法事无巨细地了解其全部内容，在这个过程中，如果我们发现自己对这个问题所知甚少，我们的信心就会大打折扣。那么我们该如何改善这种情况呢？我认为我们既要有承认我们知识不足的谦逊，同时又要有凭借着这些有限的知识就敢大胆前进的自信。

关键在于我们要以一个开放的心态不断前行、不断学习，并在获得新知识和信息的同时不断调整自己。我们总能找到长于我们的前辈，并能从他们身上学习经验。许多公司老总认为他们比谁懂得都多，甚至已经把自己凌驾于经济规律之上了，就像技术市场曾经经历的短暂辉煌一样。但是这个世界永远有我们不知道的东西，提高自己认知这条路永无止境。时刻保持一个开放的心态，去聆听所有人的声音，总有些人能看到比你多的事实。

看了这个观点，你会采取什么行动？

124. 用系统代替混乱

数据一旦得到有序排列，就成为信息；信息一旦应用到具体领域，就形成了知识；知识一旦得到研究，就成为领悟；而领悟在得到反复思考与检验过后，就转化成了智慧。

无论何时，只要你面临困惑，选择组织总是一个良好的开端。对于绝大多数事物，你总能在某个地方找到其适用且成熟的系统。现在就开始把你掌握的所有数据按照分组和类别整理进这个系统吧。在这个过程中，这些数据会变成有用的信息。然后你就可以通过应用这些信息，将其转换为对你有帮助的知识。

如果你觉得你的财务状况太过复杂琐碎，那么现在就开始组织你的财务记录。下载一个应用软件或者订阅一个在线服务。列出你所有的收入来源。列出所有的账单，然后按照类型分组。观察其中有没有规律，能不能形成某种模型，然后看看这些信息能否给你带来一些启发。很快，你就能找到减少开支增加收入的方法。对于你遇到的每一个问题，总会存在一个能够高效解决它的成熟系统。努力去找那些已经成熟的解决方案。系统就是那些随时为你准备好、可以随时为你所用的习惯和方法。

看了这个观点，你会采取什么行动？

125. 难听的实话和好听的谎话

“那我可和你实话实说了？”被这样问时，你会不会怀疑，原来这个人自始至终都没和我说实话，一直在骗我？彼此实话实说有非常重要的价值。

如果我们不能了解真实的情况，我们就没有信心去做正确的事。但是在人际交往层面，“实话实说”却往往被误解成一种粗鲁和莽撞的行为。

也有一个说法，把这叫作不合时宜。比如你认为一个人穿衣服的品位很差。你会直接告诉他们吗？为什么？如果他们是你的好朋友并且很可能因为他们的“穿着”给自己造成不利的后果，那么你可能可以直言不讳地给他们提建议。但是如果你与他们并不熟呢，如果就是因为你没有人家那个自信呢？如果是这种情况，那你的“诚实”可能就是一种没有礼貌的表现。你的观点会冒犯他们，对方也不会领会你的好意。如果他们主动征求你的意见，那么你可以诚实地告诉他们你和他们的品位有很大的不同。但是如果对方没有任何让你评价的意思，你直接对人家的品位评头论足就会显得十分没有分寸。

老实说，与其直抒己见遭人恨，你难道不更希望体现出自己的礼貌，获得人家的尊重吗？即使你的观点是对的。

看了这个观点，你会采取什么行动？

126. 我们文化的中心在哪里？

我们文化的中心在哪里？有人说在美国的话，就是纽约；有人说是华盛顿特区；还有人说南部或中心地区；还有说是洛杉矶的。你呢，你认为文化的中心在哪里，无论是从美国还是从其他国家范围内来看？

如果让我说，我觉得在……我们的家庭。比起通过学校、教堂、政府、电视和报纸等渠道，家庭对塑造我们的文化和信仰起着至关重要的作用。家庭属性决定了我们这个社会的社会属性。我曾听一个女性朋友说：“我能做什么？我只是一个妻子和母亲。”我的同事回应她：“女士，如果没有你们承担好分内的事，我们所做的一切都毫无意义。”

一个教会宣传语上曾写：“没有任何一项成功能弥补得了家庭的失败。”

我们的家庭就是我们最坚实的后盾和基础。那是一个应该寄托安全和爱的地方。

努力让你的家庭充满更多爱、更多支持与鼓励，让更多人在家中感受到情感的寄托。你的下一代会以你为标杆，无论你做出的是好的还是坏的示范。

看了这个观点，你会采取什么行动?

127. 符号的力量

美国成立时，我们选择了白头鹰作为国家的符号（本杰明·富兰克林曾提出选用野火鸡）。澳大利亚则选用了考拉和袋鼠。新西兰是几维鸟。亚洲大部分地区选用老虎或龙。英格兰是狮子。加州的符号是熊。

公司和国家一样，也会选择特定的动物、怪石、彩虹和一些神话动物作为他们的标志符号，以此来表达企业的文化和价值观。男孩女孩俱乐部的标志符号是一双紧握的双手，寓指合作和互助。而我公司和个人的标志符号是一颗橡果：它代表潜能和成长，每一颗种子都是一个自然和普遍的符号，象征着无限的可能性。

你的标志符号是什么？想一个符号，这个符号可以体现你欣赏的特质、你想培养的特点和你想完成的梦想。你选的符号要能表达你想要的和你相信的，而不是你现在已经拥有的。然后把这个符号用作你的个人标志或签名图标。

看了这个观点，你会采取什么行动?

128. 仪式和传统的价值

在美国，任何重大体育赛事开始之前，你都能看到全体美国人起立唱国歌。一家人吃饭之前，我们会做祷告。开学第一天，我们会背诵效忠誓词（美国人站在国旗前右手贴左胸宣誓）。7月4号那天，我们会一起庆祝国家独立日。感恩节，我们会彼此交换祝福。圣诞节，我们虔诚地感谢造物主的恩赐。任何文化和宗教之中，都有仪式的存在。但是这些仪式的价值在哪里呢？

仪式就是用行动讲述我们每个人的故事，表达我们的价值观和信仰。仪式给我们以安全感和提醒，它能把我们从日常的琐碎和惯性中解救出来，将我们与某种更高级的精神需求连接起来。每当孩子们上床睡觉前说出自己的祷词，他们就加深了一次对上帝存在的理解，因此他们始终能保持一颗感恩之心。我们经常听到他们说："上帝保佑奶奶、上帝保佑妹妹、上帝保佑……"由此可见，这种仪式还激发了他们对别人的同情之心。

仪式（感）真的很重要。是，我承认，有些仪式会很复杂，有时如果不经过临场讨论和解释，可能有些仪式会丧失意义。但是仪式的作用仍然不可替代，它值得我们每个人敬畏。

看了这个观点，你会采取什么行动？

129. 教堂做礼拜的前世与今生

在西方文明早期，教堂是一个社会的中心和学习圣地。教堂的主持往往是为数不多的懂得如何书写和学习的人。教堂那些充满故事色彩的彩画玻璃窗起初就是精心制作出来用于帮助那些不识字的人记忆故事和功课的。后来随着社会的进步，公立学校逐渐兴起并得到发展，教堂就渐渐成为膜拜和社交的场所。再后来，我们的社会联系更加紧密，流动性越来越高，社交网络也发生了迁移和变化，渐渐地，我们把职业发展放在了首要位置，教堂便成为单纯供我们膜拜和朝圣的场所。

这意味着什么？我认为这意味着我们比以往任何时期都更容易陷入遗忘，忘记我们与造物主之间的联系。美国开国元勋们在建立美国时把全部信仰寄托于一个至高无上的存在体，一个慈爱的上帝。他们曾说，在我们政府的模式之下，任何心无慈爱上帝的社会都将显得格格不入。

无论你是哪种信仰，世界上所有宗教的基础都建立在一个前提之上，那就是相信一个至高力量的存在，即有一个生命的起源。这种信仰赋予了人类存在的意义。如果没有这种信仰，我们的生命只不过是一系列生活经历的随机拼凑。我宁愿相信人类的生命有更高层次的意义——你认为呢？

看了这个观点，你会采取什么行动？

130. 服务俱乐部和捐赠：你会以何种方式服务？

世界范围内，你能发现各种各样的服务俱乐部：扶轮国际俱乐部、狮子会、乐天派俱乐部、国际青年商会等。20世纪以来，这些俱乐部是我们推动公民参与的主要工具和媒介。我们创办分会，计划项目，举办庆祝活动，建立医院、桥梁、停车场。我们为一系列慈善团体筹募基金，真真正正地改善了人们的生活。

然而，近几年，服务俱乐部的会员数量有了下降的趋势。有人说，我们的付出和贡献不如从前了。这种说法我不同意。我们个体的付出和贡献时刻保持在一个高水平上。人们普遍来看依旧是十分慷慨的，只不过他们付出的方式和以前有不一样的地方。现在，我们会直接去各大慈善机构：心脏协会、癌症协会、希望之城、联合劝募会、男孩女孩俱乐部等，他们有自己资金筹集方式——马拉松比赛、慈善、拍卖和节日典礼。他们会举行群众募资比赛和一些外展服务。

服务俱乐部还有存在的必要吗？当然有必要——他们扮演的民间和社会功能是很难被取代的。对于那些希望融入社区网络的人来说，服务俱乐部是绝好的选择。每个人都有他们自己付出和捐赠的方式，也有自己的社会参与需求。重要的决定权在于你，你可以选择你认为最适合你的方式去付出和为他人服务。

看了这个观点，你会采取什么行动？

131. 信条的价值

我非常欣赏国际青年商会（Jaycees）的信条。它是一个代表商会信仰和价值观的声明，每次开会，会员们都会背诵这段话作为开场白。下面就是国际青年商会遵信的原则，拿它和你自己的信条做一个比较：

我们相信对上帝的信仰赋予了人类生存的意义和目标；

人类之间的手足情谊可以超越国家主权的差异和限定；

赢得经济公平的最佳方式是通过自由人和自由企业；

政府应该遵信法律而不是个人，地球上最宝贵的财富是人类的人格，而为人道主义事业服务和贡献是一个人一生最伟大的事业。

年轻时，作为一个有理想的年轻人，我在数百场会议背诵过这段话，而后来成家后，作为父母，我则把它教给了我的儿子。这段话是我迄今为止发现最具有说服力的信条，也是一种最鼓舞人心的看待世界的方式。你信奉什么？看看你能不能草拟出一个信条，把你真正关心在意的东西表达出来，然后每天尽量多地拿出来朗读并背诵。

看了这个观点，你会采取什么行动？

132. 顾客永远是对的？

顾客永远是对的？当然不是！但是，正如我的同事菲尔·韦克斯勒所说，就算错误和责任完全在顾客身上，他们仍然有获得足够的重视和尊敬的权利。

我们需要记住顾客理应得到我们的礼遇，即使当他们那天心情不太好或者一时失去了理智，我们都应该以礼相待。这并不意味着我们应该容忍暴力或辱骂等侮辱性行为，但是我们也不应该以同样不尊重的方式回应。

旧金山的费尔蒙酒店曾有一个标题为“谁是顾客？”的信条。上面说，顾客是他们服务业务的目标和对象，是应该得到足够尊重的人群，是他们一切利润的来源，是他们“行走的广告牌”（或好或坏），等等。下面紧接着还说，我们应该时刻记得，顾客可能不是在你工资单上签字的人，但是他们一定是给你“开”工资的人。

顾客可能不总是对的，但是我们没有必要每一次都提醒他们是错的。最后，对于那些以专业服务让你感受到尊敬的人，请你同样尊敬他们。

看了这个观点，你会采取什么行动？

133. 属于你自己的政策手册

我的朋友菲尔·韦克斯勒是一名客户服务顾问和作家。菲尔有一本他自称“政策手册”的小册子，是一本封面上写着“菲尔的政策手册”的皮面装订的日志本。小组会议时他还把它拿出来开了开玩笑，不过这本小册子里面的内容和用意是严肃且认真的。每一个客户其实也应该有一本自己的政策手册，在上面清楚地记录他们同意和不同意的事项。企业一直都有这样一本企业政策手册，册不离手，但是针对其目标客户的政策呢？

比如，如果企业一方表示不接受美国运通卡，而你说：“我的政策是只用美国运通卡。”这该怎么办？有点尴尬？是的，也许吧，但是你明白我的意思了吗？我们不应该假设因为合作双方有一方已经有了书面的政策规定，就不能再做任何变动和修改了。如果另外一方也有自己的政策，而且和对方完全不同呢？该采纳谁的？双方的需求都应该得到考虑。

看了这个观点，你会采取什么行动？

134. 过程和目标导向

驱动你的是什么——目标还是过程？日常工作中，你是按照工作流程按部就班，还是总是在思考这些工作背后的目标和意图？大多数公司制定政策都是为了避免公司管理出现漏洞和损失，防止公司内部出现不诚实、不忠的情况。不过绝大多数人都能做到恪尽职守、诚实守信。因此，有些时候我们需要采取一些特别措施找出一些例外。

想想机场安检处，每天会有多少人经过那里？上百万——准确地说。有多少人可能被当作潜在的威胁？两只手都能数得过来，最多了。所以哪种方式更重要呢？——让安检人员对每个人都采取一模一样的检查流程呢？还是让他们根据不同类型的检查对象采取合适的、有区别的检查流程呢？如果面前的这个人曾经做过什么危险或者罪恶的事，那么安检人员应该采取小心且仔细地检查措施，但是如果这个人没有体现出一点有威胁的迹象，那么安检人员就应该尽量做到以礼相待。

在封闭式住宅小区工作的安保人员有两个职责：对待客人，展现出热情；对待入侵者，将其抵御在外，保护小区居民的安全。管理的艺术就在于如何分辨这两类人。遵循流程，但同时提醒自己谨记流程背后的目标。

看了这个观点，你会采取什么行动？

135. 小团体和玛格丽特·米德

“永远不要低估一个有思想、有决心的小团体，他们能改变世界。事实上，历史上任何一次真正改变世界的事件也的确都出自这些人之手。”人类学家玛格丽特·米德曾经这样说过。我们常常认为至少要有几百个人或几百万美元才能真正有所作为。或者总是挂在嘴边：“只有那些有权有势的人才能做大事。”

但真不是这么回事！一个人就足以做一件大事，如果再有一批支持者，他们就能改变世界。美国的国父们就不是出自什么大规模的群体。起初他们只有几个人，后来经过一段时间的努力，逐渐获得了外界的各种支持。基督教的发展起初就是靠着 12 个宗徒的努力，他们世界范围内不断传播耶稣的旨意，才最终有了今天的基督教。没错，我承认，他们可能与某些当权者有一定的关系，但是你已经抓到我讲的重点了，绝大多数影响巨大的组织起初都是由少数几个狂热者引领的。

我是如何激励我自己的

“我努力把每一天都当成一场全新的探险，每一天我都会尝试新鲜事物！不仅是这种勇于探险的想法令我兴奋不已，更重要的是，有了这种心态，我每天会收获很多新的机会。这些收获有大有小——关键是要采取行动！我觉得这真是一个自我激励、督促前进的好方法。我无法知道每天会发生什么，但是我知道谁在享受每一天！”

泰蜜·米勒

所以，如果你有一个梦想或想法需要实现，不要有任何的无力感。你从下定决心追求目标的那一刻起，就已经有了巨大的力量。别人会感受到你的激情，和你一样充满热情的追随者会不断涌现。你想为这个世界做些什么？大胆去做，没有什么不可能。

看了这个观点，你会采取什么行动？

136. 就坐在那儿安静地看吧

有时只是静静地观察身边的一切，你也能发现巨大的价值。有一次和朋友共享晚餐时，透过对面同伴身后的窗户，我看到了一轮清澈的明月。然后我们都停了下来，坐在窗边，共同沉醉在美丽的月色之中。还有最近的一次，在航班旅途中，南十字星群刚好从我所在的机窗旁掠过，让我得以一览全景，哇！上个月，我在圣安东尼奥家中的阳台休息时，无意中看到了一只变色龙，它爬上树，然后突然变换了身体的颜色，和身边的新环境融为一体。

我们身边到处充满着奇妙、新奇、美丽和幸福的事情。我特别喜欢观察孙子们在一起玩耍。他们表现出的创造力和那种孩童的乐趣无时无刻不吸引着我。观察的精髓就在于静止——你要停下你手里一切忙碌的事情，让那些奇特的画面主动进入你的眼帘。现在就开始练习，当然前提是你现在没在开车。看完我这条建议以后，静止两分钟，用心观察周围，看看你能观察到什么。用心去听、看、感受和体验你周围的环境，看看你可能会不小心错过什么。享受这个过程吧！

看了这个观点，你会采取什么行动？

137. 伯洛伊特的观念清单

每年秋天，威斯康星州的伯洛伊特学院都会发布他们新一年的观念清单。这是一份为即将到来的大一新生们准备的表格，上面列举了这一届准大一新生和所有老师及家长在世界观层面存在的种种差异。

举个例子：2016 年的准大一新生大多出生于 1999 年。他们对于第一次海湾战争、转盘式电话机、没有智能手机的生活、敲打式打字机、比尔·克林顿的总统任职、没有谷歌的日子几乎没有任何概念。毕竟，这些事情在他们看来有什么了解的必要呢？现在一切都有应用软件来搞定。他们处处使用密码，背包里随时装着笔记本电脑。他们离不开互联网，有接收不完的电子邮件和语音信息。大多数年轻人连车窗都懒得摇下，更别提发送或接收传真了。

长途电话对他们来说从来不是问题。经过机场安检扫描时，你永远也无法在他们的行李里看到盒式放音机。因为在他们出生以前，DVD 就面世了。

你发现他们的世界有多么不同了吗？这种变革比我们以往任何一个时代所经历的都要强烈。随着这个社会不断向前发展，我们需要允许这种差异的存在，并意识到我们看待这个世界的角度和方式也要跟着不断更新。你的观念在哪些方面可能已经过时了？

看了这个观点，你会采取什么行动？

138. 运动的价值

我在美国运动健身协会（ACE）咨询委员会任职过一段时间。在那里我了解到了运动健身究竟多么有价值。我们年纪越大，我们的身体就越需要运动和锻炼。如果我们不去用自己的身体，我们的肌肉就会萎缩，身体也会停止工作。

这与很多人的认识刚好截然相反。有人会说："我现在年纪大了，所以不怎么运动了。而且，我现在腰酸背痛腿抽筋，膝盖也不好，动不动就疲劳。"对此，我常常会说："所以，你才要去运动、锻炼！"

我们的身体天生就是用来用的，而不是用来放的。我们需要活动，我们也需要释放，经常通过做一些运动来拉伸一下筋骨对我们来说至关重要。我们遇到的阻力越大，我们肌肉、筋骨和肌肉组织因此释放出的力量也越大。此外，通过强迫我们自己经常运动，我们还能促进体内血液循环——从而增强关节灵活度，让皮肤更加紧致，使肌肉更加结实，甚至在心灵层面也会变得魅力无穷。治疗抑郁症的首选药方就是：离开你的椅子，站起来做点什么。起来走一走，爬爬楼梯，做做伸展，投入工作。你会因此更加长寿，生活得也会更快乐。

看了这个观点，你会采取什么行动？

139. 你上次设目标是什么时候？

距离你上一次给自己设定目标已经过去多久了？我说的不只是梦想，是实实在在就在眼前可以完成的目标，是你现在就可以通过努力工作、锻炼、学习、成长实现的目标。距你上一次设定这样的目标，已经过去多久了？我相信对于大多数人来说，已经过去太长时间了。目标就是动力。它们是一种激励因素，是激励我们去做更多事、变得更优秀的动力来源。没有目标，我们就会萎靡不振，随后陷入一种裹足不前、不尽如人意的生活状态和惯性之中。设定目标是延续我们生活的必要手段。

当喜剧演员乔治·伯恩斯被问到他是如何活到 100 岁的，他说："我必须得活到这个岁数——我当时订了一张 100 岁时的演出票呢。"他随后还解释说，要想活得长、活得好，有一个目标至关重要——每天早上要有一个能激励你从床上爬起来去工作的理由，你要对每一天充满期待。现在不就是设定新目标最好的时机吗？现在就开始拟定你创造未来生活的计划，用笔写下来，从以下几个领域入手：家庭、朋友、财务状况、事业、身体健康、智力成长和精神发展。计划要设计得具体一些，然后现在就开始落实。

看了这个观点，你会采取什么行动？

140. 经济上对自己了如指掌不是一件好事吗？

你有多少钱？你又欠多少钱？你未来三个月能赚多少钱？绝大多数人对这三个简单问题的答案一问三不知。事实上，许多人不知道如果没有每个月的工资，他们能活多久。

但是我们每个人都可以知道这些问题的答案——只需要每几个月就抽出一点时间回顾一下自己的经济状况，我们就能大幅度提高我们对金钱的掌控能力。经济和财务规划可能在你濒临破产时才显得尤为重要，当你有钱时，你可能还发觉不了它的重要性。如果你有钱，你就会觉得浪费点钱、损失点钱无关紧要，你会得过且过；但是当你贫困潦倒时，你就发现每一笔钱都至关重要。

为什么不每周抽出点时间整理一下自己的财务状况呢，列一列你有什么、将要有什么、你欠什么和你想要什么？清楚了这四个简单的动向，你就能做出价值连城的财务规划。下一步就是进一步计划，想办法通过更多的方法赚更多的钱。

看了这个观点，你会采取什么行动？

141. 你打算什么时候退休？

你打算什么时候退休？也就是说，你打算多大年龄从积极劳动力的岗位上退下来？那一天距离今天还有多久？如果你现在 50 岁，打算 65 岁退休，那么你还有 15 年的产出时间来获得你退休后需要的一切。

你将需要多少？尽管有些人说，你退休以后各方面需求就少了，但是请你想想，到了那个时候，你将有一整天一整天大量的空余时间，你可能做各种各样的事。很有可能你每天的花销不减反增！但是，我们再假设你是一个在花钱上比较保守的人——你每年或每个月需要多少钱才能起码确保生活得健康快乐？这个数额就是你今天需要省下来的钱，还要加上你以后新增的兴趣可能产生的费用。

顺便问一句，你为自己规划了多久的退休时光？你需要为这份保障收入提前做多少年准备？如果按照正常寿命来计算，你将有 20 多年的退休时光。

社会保险、公司退休金和家庭资产（房屋净值）很可能无法满足你的需求，剩下的部分要全靠你了。所以今天就提前为未来退休以后的你寄去点钱吧。他（她）一定会十分需要并感激你这么做的。

看了这个观点，你会采取什么行动？

142. 七个自然价值

我们的生活受欲望和需求的双重驱动。但事实上，我们往往会先于我们的需求满足我们的欲望。欲望的另外一个代名词叫价值取向，也就是我们真正关注的东西。如果你关注学习，那么知识的价值对于你来说就特别高。如果你关注美丽，那美学对你来说就有特别高的价值。

一共有七个“自然的价值”，对我们每个人都至关重要，尽管每个人重视的程度有所不同。这七个价值分别是：感官性，即强调你身体的体验；同理心，即强调你与其他人情感的连接；财富，即强调一种拥有感和所有权；权力，即强调控制感和被认可度；审美，即强调你对美的欣赏；责任感，即强调发挥自己的作用，去做应该做的事；知识，即强调不断学习。

如果你知道一个人将最高价值寄托在哪里，你就知道了他们最关注的是什么。

看了这个观点，你会采取什么行动？

143. 价值来源于哪里？

我们又可以把价值分为两大类：一种是我们通过后天学习得到的，一种是大家普遍都有的自然价值。后天习得的价值包括爱国主义、宗教、职业道德、人际关系和个人信仰等。这些价值，我们会从父母、社会、教堂、学校和生活经历中习得。

而自然价值只是我们自身的组成部分。每个人都会关心他们的身体体验、他们与其他人的连接、所有权，都渴望被认可和接纳。同时他们也关注如何改善事物的视觉外形和感觉，他们会去做他们认为正确的事并努力去理解周围的世界。但是这些价值对于不同的人有着不同的重要性。换句话说，你认为的最高价值可能在我看来是最低价值。

而如果你理解了我关注的最高价值，那么你也就理解了我行动背后的动机。理解动机是实现激励的关键。如果我知道你爱学习，那我就会给你买一本书作为礼物。但是如果知识在你看来只是最低价值，那我可能选一个其他你更喜欢的礼物，比如一张电影票或者请你吃一顿你喜欢的美食。今天开始，留意每个人关注什么，通过留意他们说什么、如何利用空闲时间以及他们为什么事而辩护，我们就能看出一个人关注的是什么。你越是了解他们，你越能每天更好地与他们建立联系。

看了这个观点，你会采取什么行动？

144. 高感官性和低感官性

人类的基本价值之一就是感官性，也就是强调我们身体体验的重要性。它具体体现在我们的触觉、味觉和嗅觉上。那些具有高感官价值的人往往更注重对事物的感觉和体验。温度、湿度、质地、气味……这些都是高感官性的人关注的重中之重。而低感官性的人对这些因素的细微变化反应并没有那么强烈。

所以，如果你带一个人去吃饭，而这个人有着较高的感官性，那么你要特别考虑到他们在感觉、味觉和嗅觉上的体验和这件事给他带来的舒适感。就算这些对你来说无所谓，但是对他来说就是一切。

关于提高高感官性人的工作效率，人体工程学扮演着重要的角色。对于低感官性的人来说，就算有片刻不适的感觉，也不会影响他们的工作，但是高感官性的人不行。从现在开始，留意不同人的感官价值。注意观察他们对自己身体体验的重视程度就可以了。你观察得越多，你懂得就越多。这只是众多帮你更好地读懂一个人的方式之一。

看了这个观点，你会采取什么行动?

145. 强同理心和弱同理心

同理心是指我们理解他人感受的能力。同理心价值指一个人对与另一个人之间情感连接的相对重视程度，你我都有这种价值取向。我们需要感受到与他人的情感连接。如果你这方面有很强的价值取向，那么你生活的大部分时间都是围着他人转的。你每天会花很多时间和你关心的人互动，并以此为衡量你每天是否成功的标准。你会通过观察一个人对你关心的人好坏程度来判断他的好坏。

如果你的同理心价值取向比较弱，那么你生活中重视的就不是这些，你只有在其他方面的目标达成以后，才会想起来与他人建立情感连接。这就会几乎不可避免地导致一些争执："你根本就不关心我！如果你关心，你就会先考虑我多一些。"这段对话是一个强同理心的人在责骂一个弱同理心的同伴。这种差异的背后是价值取向的差异。有时有些人不是不关心你——只是他们在生活中有与你不同的优先项排序，只是做事情的先后顺序与你不同。我们越了解对方，我们就越能接纳彼此，互相合作。今天开始，关注你身边每个人的同理心价值取向。

看了这个观点，你会采取什么行动?

146. 财富价值

喜剧演员乔治·卡林曾说生活就是由各种东西填满的。你拥有的东西越多，你的生活就越复杂。通过观察我们生活中积累了多少东西就能看出我们在财富上的价值取向——也就是对拥有感和所有权的重视程度。如果拥有有价值的东西对你很重要，那么你会想方设法经营你的生活，让自己获得你认为有价值的东西（这不包括囤货）。

而那些财富价值取向较低的人往往会选择其他优先项。你有没有注意到有一些表面十分辉煌的人实际上却没有积累多少财富，而有一部分没那么辉煌的人却往往非常有钱？这是因为每个人重视和追求的东西不一样。他们可能会说他们非常重视经济方面的保障与安全，但是他们的行为会出卖他们，透过他们的行为你能看出他们真正在意的是什么。

为什么不同的人群会产生这种行为差异？我们要理解下面一个基本事实，那就是一定数额的钱对我们每个人都是至关重要的，但是巨额数目的钱只对那些具有高财富价值取向的人才会产生强烈的激励感。我们每个人都想变得富有，但是只有有高财富价值取向的人才真正愿意为这个目标投入长期和艰苦的努力。财富对你有多重要？

看了这个观点，你会采取什么行动？

147. 权力价值

有一次，我问我小叔："如果世界上的工作随便你选，你会选择做什么？"他回答："经营点自己的事业。"他喜欢做一个项目的负责人，他享受那种完成一件事情的感觉。

这种心态在心理学中叫作“高权力价值取向”。具有高权力价值的人都是这个世界的实干家。他们组织团队、整合资源、把事情搞定。他们成就感的源头就是做决定、想办法、激励身边的人，然后最终取得成果。领导和权威地位对他们有一种天然的引力。这种权力价值会把他们中的一部分人推到聚光灯下，万众瞩目。他们会成为最重要的执行者，会努力地工作，赢得别人的关注、认可与承认。

其实所有人都有这种价值取向，只不过有的人高，有的人低。当一个人总是试图回避公众的注意，更喜欢在团队中工作，或更享受独处，那么他体现出的就是一种低权力价值取向。低权力价值取向并不是自卑——它只是一些人的自然取向。自卑的人更多的是出于一种恐惧，而低权力价值取向只是一种自然状态。

你对这类价值的取向如何？回顾一下你的工作和事业，看看有什么发现。

看了这个观点，你会采取什么行动？

148. 审美价值

美、平衡、对称、调和，这些都是美学的几大方面。对审美价值取向很高的人来说，事物的外观怎样对他们至关重要。你可以通过观察他们房间、车内和办公空间的装饰和布局看出他的审美价值取向。他们装饰任何东西都会一只眼睛盯着如何达到最佳的美学效果。如果你发给他们一份提案文档，他们会将提案外观和提案内容作为同等重要的考核标准来评价这份提案文档的好坏。

而那些低审美价值取向的人则很少注意事物的外观，而更注重内容本身。这两种观念和标准都很重要。对我们来说，了解人与人之间在这方面存在的差异十分重要，因为这会关系到我们与他人建立联系的质量。

看看你自己的办公室。它会发送给别人关于你的哪些信号？它能体现你的良好品位、你的成就、你的人际关系，还是只能体现你的工作？大多数情况下，一个人的工作环境能反映出一个人各个方面的情况。如果我最关注的就是审美价值，那我看到你的工作环境会做何反应？我不是建议你为了迎合别人的舒适体验而改变自己的世界——我只是希望你了解，我们表现自己的方式也是一种向外界发出的信号，而这种信号有时会对我们产生重要的影响。

看了这个观点，你会采取什么行动？

149. 责任价值

不是每个人都有一个宏大的目标或事业去捍卫，但是每个人某种程度上都十分关注做他们认为对的事情。这就是他们的责任价值取向。我们每个人都需要有对某些事怀有责任感——可能是一系列信仰、一种做事的方式或做事的动机。当你的责任价值很高时，你的目标导向性就可能变得很强。你在寻找做一件事的意义时，如果发现做这件事的责任价值很低，那么很可能你在做这件事的过程中会更倾向于过程导向而不是结果导向。

责任价值很高的人喜欢为了一个宏伟的愿景或梦想而工作。他们更喜欢华特·迪士尼成立迪士尼乐园时讲的那个故事——让迪士尼乐园成为“世界上最快乐的地方”。而其他责任价值不高的人对这个故事并不太感冒。一个责任价值较低的人不是执掌道德标准委员会的最佳人选。他们可能在其他方面更适合。学会观察一个人的责任价值取向。通过这种方式，你能发现他们真正关心的是什么。

我是如何激励我自己的

两件事：牵着狗去快速散步；冲个澡，因为冲澡能让我神清气爽充满活力，每次洗澡过后我都能恢复精力，继续投入到工作当中。

罗伯塔·舍勒

看了这个观点，你会采取什么行动？

150. 知识价值

你喜欢学习吗？有些人喜欢，有些人不喜欢。我们都希望自己懂得更多，发现新事物，但是对某些人来说，学习是一种单纯的乐趣。这些人就是有高知识价值取向的人。他们觉得探索、发现、对话和教育这些事非常令人享受。他们通常是我们眼中的好学生，喜欢研究甚至辩论。

而低知识价值取向的人往往停留在一些基础（必备）知识的学习上。他们学习那些他们不得不学的东西，但是绝不会把学习当成一段愉快的时光。高知识价值取向的人会选书作为礼物、会把参加讲座看作一种款待、会珍惜与知识渊博的人相处的每一分钟。你当然可以培养自己对学习的热情，但是你投放到与学习相关的其他方面的价值可能一时难以改变。每个人都需要知识，我们懂得越多，我们在这个世界就能生活得越好。很大程度上讲，知识就是力量，这句话激励了很多人，但是还有相当一部分人不以为然。看看你周围哪些人是爱学习的。

看了这个观点，你会采取什么行动？

151. 七种智力

你哪里聪明？我没有问："你多聪明？"我问的是："你哪儿聪明？"每个人都能在某些学科（领域）上体现出聪明的一面。即使是那些智商（IQ）最低的人，他们也可能在动手能力或读人方面展现出过人的天赋和智力。

根据科研专家托马斯·阿姆斯特朗和霍华德·加德纳的研究，至少有七种类型的智力。它们分别是：文字智力、数字智力、人际智力、音乐智力、空间智力、身体智力和自我智力。这些智力都可以后天开发。通过刻意地训练和使用每种智力，你就能更大程度发挥它们的作用。

想一想，你哪些方面智力最高？想一想，你该如何锻炼其他方面的智力？提高调用这些智力的频率，然后看看你相应的技能有没有得到提高。每个人都具备这七个方面的智力，每个人也都可以在这些方面变得很聪明。

看了这个观点，你会采取什么行动？

152. 音乐智力

我儿子几乎知道任何一首歌该在吉他上如何弹奏。我已经是一个专业吉他手了，但是他的能力似乎远在我之上。他就是那种在音乐智力上非常聪明的人。这和智商没有什么关系，这只是一种更高的音乐天赋。每个人都有音乐智力，只是没有多少人真正地去开发它们。

音乐天赋包括绝对高音和作曲写歌的能力，当然这些已经高出我所说的音乐智力了。不过据我所知，每个人都可以后天发展自己的音乐天赋和智力，只要我们聪明地去练习和训练。比如我们可以学习识谱，练习唱你最喜欢唱的歌曲（起初可以自己练），去卡拉 OK 娱乐一下，又或者买个键盘乐器回来摆弄摆弄。可以尝试随便选择一个乐器，然后在上面练习你最喜欢的五首曲子。

在你调用音乐能力的过程中，你的音乐智力和天赋也会得到提升。为什么？因为音乐能触及我们大脑中通过对话、思考和工作触及不到的部分。你会因为生活中有了更多音乐而感到更加快乐和舒畅。

看了这个观点，你会采取什么行动？

153. 文字智力

我喜欢文字！我喜欢玩文字游戏，喜欢那些俏皮话和一语双关的含义，心理学家把这叫作文字智力。每个人都有这种智力，但是不是每个人都会有意识地去开发它。

文字是语义的象征。它们可以通过几个字母的简单组合传达多重信息和含义。你越能创造性地使用文字，你与其他人交流沟通的选择方式也越多样化。

想挑战一下自己，提高一下自己的文字智力吗？买一本字典然后放在你随时可以看得到的地方，方便你想读就读。时不时地拿出来翻一翻，找一些词来读，任何词都可以。每一个你新学会的词都能加深你对已有词汇的认识和理解。

提高词汇的掌握能力能让你在这个社会脱颖而出。你可以通过一个人平时说话的用词来判断他的社会地位。语言掌控能力越强，获得权力和影响力就越相对容易。今天学一个新词，明天再学一个。

看了这个观点，你会采取什么行动？

154. 数字智力

数学和科学似乎成了工业社会和信息时代的决定性技能。每当有大量精通这些领域的毕业生涌现，技术突破和革新便也会接踵而至。看一看互联网、个人电脑、蜂窝技术和电子产品行业过去这些年取得的惊人成绩，无一不是建立在数学的发展之上。

你的数学智力怎么样？其实每个人都有学好数学的能力，不过同时它也的确让很多人望而却步。也许是我们教数学的方法出了问题。

当我们为了提高数学的趣味性，跨领域临时找一些老师来“替补”时，我们突然发现原来数学有这么多专业分支。也许是时候考虑改变我们现有的教学方法了。让老师把实例引进课堂，邀请各个领域的专家进课堂，为学生呈现数学是如何与我们的日常生活产生千丝万缕联系的，比如体育和扑克、台球、建筑、耕作、航空、软件设计和象棋等。让我们把如何构建音乐方程和计算胜率纳入我们数学教学的新方法。当数学变得像体育一样充满乐趣时，人们就会开始主动学习数学。数独游戏，有人想玩吗？

看了这个观点，你会采取什么行动？

155. 人际智力

你最近有读人吗？有没有读到一些好人？读人其实是一门科学和艺术，我们越是有意识地去提高这方面的能力，我们越有可能接近成功。每个人都在通过他们的言语和行为向外界发出信号，告诉别人该如何与他们相处。有一些信号是明显的，有一些则很含蓄。我发现，下定决心要成为读人大师的这一刻往往能成为一个人一生中关键的转折点。

学习阅读别人肢体语言，理解这种语言背后各种各样的含义。学会观察并理解不同的人格类型，然后研究不同人价值取向的差异。观察不同的人在哪些方面比较聪明，而不是主观断定一个人聪明与否。留意每个人性格速率的差异。探查一个人各方面的背景，观察这些背景在他身上留下的痕迹和影响。你观察得越多，你越知道如何与人建立联系，如何激励和理解别人。随着你的人际智力越来越高，你会发现有越来越多的门向你打开。

看了这个观点，你会采取什么行动？

156. 空间和视觉智力

我爸爸总能把东西修好。他懂一些机械原理，而且他还有能在脑海里勾画事物的本事，不需要触摸就能想象出一个东西的结构和轮廓。这种能力就叫作视觉 / 空间 / 画面智力。它同样是我们每个人都有的一种智力，但是很少有人去开发它。建筑师和机械师往往都有很高的视觉智力。景观设计师和室内设计师也深谙这门技巧。

培养这种能力的方法之一就是锻炼可视化思维。比如仰面朝天地躺着看天上的云彩，然后在云群中寻找各种形状和字符。经常组装拼图玩具、涂鸦、画画，也可以尝试玩像猜猜画画这种绘图游戏，在脑海中勾勒新的想法，或者创造性地组装一些东西。去研究各种事物的工作原理，然后尝试在脑海中把你看到的东西重组。循着每个部件之间的联系去思索，努力在脑海中形成可视化的效果。随之你不断提高自己的视觉智力，你解决问题和与人沟通的能力也会得到提高。随着一项又一项智力得到开发，我们正逐渐掀起一系列多米诺骨牌效应。

看了这个观点，你会采取什么行动?

157. 身体智力

老虎伍兹是一个高尔夫球天才。不管你喜不喜欢他，你都不得不佩服他在高尔夫球方面的造诣。各项体育运动中的顶尖运动员都是其各自领域的阿尔伯特 · 爱因斯坦，他们对某项运动的天赋就像阿尔伯特 · 爱因斯坦对物理和数学的天赋一样。

有一种天赋叫身体智力。每个人都有这种智力。想要开发这种智力，我们就需要更加刻意地使用并锻炼我们的身体。伟大雕塑家超乎常人的地方在于他们能巧妙地使用自己的双手。钟表匠和音乐家也是如此，还有篮球运动员迈克尔·乔丹、橄榄球四分卫佩顿·曼宁、高尔夫球手杰克·尼克劳斯和体操运动员彼得·维德马尔，无一不是这方面的典范。

你越是不断开发这种我们所说的“手眼协调能力”，你身体智力的水平就会越高。学会尊重和珍惜你的身体，就像珍惜你某种与生俱来的天赋。增强你对身体每一部分的认知，了解它们是如何发挥功能的并进一步学习如何更好地使用它们，说不定你就能成为一个运动天才！

看了这个观点，你会采取什么行动？

158. 自我智力

苏格拉底曾告诉我们，“认识你自己”。丹尼尔·戈尔曼在他的书《情商》中说，情绪智力的第一要素就是自我认知能力。你我越能彼此了解自己，便也越能互相了解对方。我们对自己的看法某种程度上将无一例外地折射成我们对别人的看法。

那么一个人究竟应该如何了解自己？首先要从简单的关注开始做起。我们的生活是由一系列行为模式组成的。我们所有生活活动都有固定的套路和模式，比如穿衣、吃早餐、开车去上班，都有固定的模式。我们每次梳理东西的时候往往用的都是一种约定俗成的流程，甚至刷牙也会参照这种固定模式。

坚持记录你一周每天的行为。记录你每天做的一切，然后观察其中的套路和模式。了解自己的生活方式。接下来，研究你回应其他人的方式。通常情况下，你是怎么和其他人打招呼的？你接电话时是如何应答对方的？当对方是你喜欢的人，你会如何和他互动？当是你不喜欢的人时呢？听到坏消息时，你做何反应？和你合作会是一番怎样的景象？和你一起生活又会是怎样的景象？在你努力了解自己的过程中，你会被自己不断了解到的事实吓一跳。

看了这个观点，你会采取什么行动？

159. 带宽：你与电脑芯片

带宽是一个技术术语，是一个衡量数据处理及加工容量的单位。如果一台电脑有很高的带宽，那么它就能一次同时处理很多不同的数据和项目，而低带宽的电脑一次只能处理一个任务。

同样的道理，人也是有带宽的。有些人能同一时间谈论并思考五个不同的话题，而有的人哪怕多加一个话题就会感到局促不安。如果一个低带宽的人向一个高带宽的人销售自己的想法，那这个"买家"很可能一会儿就不耐烦了，除非加快速度。而如果一个高带宽的人向一个低带宽的人兜售自己的想法，那很可能这个买家会被过量信息压得喘不过气，一时不知所措。通过调整对不同带宽的人的信息传达方式，你就可以和更多的人实现和谐共处——你只需要留意对方何时可能开始变得不耐烦了，或者何时开始丧失回答你的积极性了。如果你能适当增加或减少单位时间内发出的信息量，把握适当的语速，你就能逐渐实现和他人更融洽地相处。确保你传递信息的方式和密度能匹配对方处理信息的能力和容量。

看了这个观点，你会采取什么行动？

160. 自由女神像

在最近的一次旅行中，我们乘坐游轮驶进纽约港，在经过自由女神像的那一刻，我的内心洋溢着自豪和骄傲。这个象征着机会的伟大建筑符号让人叹为观止！可能全世界范围内都有批评美国的声音，但是也有相当一部分人希望能享受到我们享受的自由。

不过机会越多，责任也越大。我们的社会之所以能达成历史空前的繁荣，不仅是因为我们给予了我们公民各尽其能的自由，而且也是因为我们给予了每个人失败的机会。我们认为没有失败能定终身，失败仅仅是为未来成功铺垫的历练过程。

曾有人提过，我们应该在西海岸再建一座雕像并命名为责任女神像，以此来和自由女神像形成寓意互补。在任何文化中，只要有自由，就一定有某些人在某个地方承担着某种责任。纯粹完美的自由，或自由权利的存在前提是这个社会每个阶层的每一个人都同意并主动要求为自己的选择和行动承担责任。愿上帝保佑这片自由之土、勇敢之家。你该如何让你所在的世界充满更多的自由和责任？

看了这个观点，你会采取什么行动？

161. 南安普顿和泰坦尼克号

著名的幽默大师兼作家爱尔玛·邦贝克曾说过，她非常同情当年在那艘宿命的泰坦尼克号上挥手推开晚宴上最后一块甜点的人。我们永远也不知道我们的最后一餐何时到来，但是把每一顿饭都当成最后一顿也不见得很明智。

我最近去了英国南安普顿，也就是泰坦尼克号第一次启航也是最后一次启航的地方。这个充满魅力的港口社区仍然是一幅欣欣向荣的景象，每天都有游轮在这里启航。二战期间，南安普顿连续几天被轮番轰炸，整座城市几乎被摧毁。不过今天，这座城市新老交替，一片繁荣。如果你不知道这里曾发生过惨绝人寰的轰炸，你都不会料想到这座城市曾遭遇如此不幸。

我们每个人都比自己想象的要坚忍，就像南安普敦，我们能经受挫折与磨难的考验并依旧卷土重来。所以下次你再遭受什么巨大的打击，告诉自己你能承受。你可以绝地反击，重新开始有意义的生活。还有，就今天这一次，来几块美味的甜点吧。

看了这个观点，你会采取什么行动?

162. 健身游轮

游轮上最出名的当数上面的美食了。这些水上餐厅有时为游客提供十几种不同的美食窗口，供游客选择。我经常听到旅行者抱怨，尽管上次在游轮上玩得很开心，但是在船上足足胖了一圈。

我和妻子最近乘坐了一次横跨大西洋的游轮，在船上度过了六个晚上。我们大快朵颐，吃得十分尽兴，还享受了美酒。旅行结束时，我们的体重反倒轻了！这是因为，我们在出发前说好了，要让这次游轮之旅成为一次“健身游轮之旅”。船上有健身设施，我们彼此向对方承诺，每天都要去锻炼。每天早上，就算前一天玩到很晚，我也会 6 点钟准时来到跑步机上，或者进行几次力量训练。在游轮上这段时间，我每天都会固定健身一个小时，燃烧掉足以减少我 1% 体脂的卡路里。所以，下次你去度假时，把这次假期当作一次“健身之旅”，然后加入一些有利于你身体健康的活动，不要让你的旅行变成一次增重之旅。

看了这个观点，你会采取什么行动?

163. 餐桌上的飞行员

你观察过飞机飞行员们彼此交谈时的场景吗？他们在交谈的过程中会不断用他们的手模拟飞行场景，就好像他们每个人手里都有飞机模型一样。上周，我们出去聚餐时在同一桌遇到了四个飞行员，他们并排坐在桌子的一侧，互相讨论着他们在空中辉煌和灾难性的时刻。他们四个人在这次晚餐前彼此还都不认识，但是仅仅是因为他们对飞行有着同样的热爱，他们就能像老同学见面一样亲切。同样的场景在其他具有相同爱好的人之间也会发生：划船、烹饪、体育等。

这个现象中蕴含着一个你我可以运用的真理。当我们想和另外一个人建立联系时，我们应该做的第一件事就是看对方对什么感兴趣，找出能吸引他们的东西，问一问他们闲暇时间都会做哪些以及想做哪些他们最想做的事情，也许你能发现你们有共同的兴趣爱好。就算没有，你也可以把这次交流当成一次学习新事物的机会。问一些例如“是什么让他们如此感兴趣”的问题。为什么这件事对你如此有吸引力？你是怎么发现你对这件事的热爱的？让他们带你体验一次掌上飞行之旅。

看了这个观点，你会采取什么行动？

164. 合作伙伴关系：三大要素

任何一段合作伙伴关系要想成功，都需要三个基本要素：

（1）双方必须共同承诺为达成目标而付出同等程度的努力。

（2）沟通必须坦诚、开放。

（3）协议必须明确，双方需要彼此了解对方的期望。

其他一切都是可以商量的，但是彼此的承诺、坦诚和清楚的协议是必不可少的。它们关乎成败。想象一下，你们中的一方竭尽全力，而另一方浅尝辄止，那这段合作关系一开始结局就已经注定了。又或者只有一方能做到坦诚相待，或只有一方能明确地表达自己的期望并遵守达成的协议。只有一方肯投入、剃头挑子一头热的合作关系是无法持续的。如果双方不能同时做到为了同一目标全力以赴，那么就不存在所谓的合作伙伴关系，只不过是一种临时安排罢了。

下次和你的伙伴谈合作时参考下面这个清单：问问你自己："我们下一步需要在哪个方面投入最多的工作：我们对彼此的承诺、我们之间的坦诚与公开，还是我们达成的协议？"然后每次投入精力改善其中的一项，你会发现你们的合作会越来越愉快。

看了这个观点，你会采取什么行动？

165. 骑手的威胁和你的反应

如果你不得不深夜独自穿过一片荒芜的城区而且路上要从一群面目可憎、嚣张跋扈的摩托车骑手身旁走过，你会怎么办？大多数人听了都汗毛直立、恐慌不安。而我认为如果换作是我，我会努力让自己从骑手脑中"潜在受害者"的角色中走出来，然后尝试成为他们眼中的"自己人"。如果有人正在以一种具有潜在威胁性的方式看待你，那么你唯一能寄以希望的就是能尽量改变他们看待你的方式。

下面是一个人的做法：一个魁梧的壮汉挡在她的路上，而不远处就是他的摩托车，于是她望着那辆摩托说道："好车啊！你是怎么给它喷漆的？"而这个骑手听到有人夸赞他的车和他的才华，感到十分自豪，于是开始讲解他的特别喷漆技巧。这个女士回答："哇，真是让人大开眼界。"骑手回答："谢谢。"然后她继续自己的路途。

在某些非威胁的情况下也可以尝试使用这个技巧——展现出你对对方的兴趣，然后让他们为你讲解一些东西。这位女士可能对喷漆根本就没有什么好奇感，但是她知道如何为自己减少一个潜在的威胁。我的朋友和同事马克·沙伦布罗赫曾写过一本书专门介绍这个概念，书名就叫《好车！》。现在这已经成为他标志性的故事。

看了这个观点，你会采取什么行动?

166. 慈善机构——你付出了什么?

世界范围内许多募捐大会都有一句著名的引言："你获得什么决定了你生活的质量。但你付出什么定义了你生命的质量。"

没有多少人会仅仅因为一个人获得的东西多而对他产生钦佩赞赏之情。人们可能羡慕他们获得的东西，但是不会仰慕他们的人格。另一方面，几乎所有人都喜欢一个慷慨的灵魂。一个慈善家会在很多方面获得回报——他们在付出过后获得的满足感、在知道自己为这个世界带来改变过后内心获得的平静，以及帮助别人过后别人对他们的感激之情。

你能为这个世界付出什么?你的时间都用在哪里了?多花些时间帮助他人吧。你的聪明才智用在哪里了?用你的技能和本事帮助他人完成目标吧。你的财富用在哪里了?捐赠出你的金钱、物品、服务或特权，去赞助那些你关注的事业吧。时间、才能和财富都是极佳的捐赠方式。

看了这个观点，你会采取什么行动?

167. 威尔·罗杰斯

我们今天的机会在哪里?在20世纪经济大萧条时期，威尔·罗杰斯曾说："我们还有大量的工作要做。我们有墙要补、有树要剪、有田要种、有地要耕，我们还有大量的工作没做。现在你们做这些事可能拿不到钱，但是不做这些事，你们一样拿不到钱，而且一定拿不到钱。"当时，他是对的；现在，也是对的。

虽然我们现在没有遭遇经济灾难，也没有目睹身边的人一个接着一个失业，但是还是有相当一部分人希望放下手里的工作，换一种谋生方式。我觉得我们应该停止这种一心只想找轻松工作的浮躁心态，而应该把注意力放在那些必要的工作上，放在那些有意义的工作上。那才是能真正给我们满足感的工作。

要想办法给他人带来影响和帮助。反思你工作的各个部分，看看哪里本可以做得更好。跳出你工作的日常内容，想办法给你的老板带来一些实质性的成果。可能一开始你不会因此得到额外的报酬，但是你不这样做也同样一定没有回报可言。说不定你哪天睡醒时，发现自己更加充满干劲、更加享受生活了。

看了这个观点，你会采取什么行动?

168. 行为经济学：三大方面

每个行为和动作都有其价值或成本，这就是我所说的“行为经济学”。一个悲观态度和一个乐观态度之间的差异是可以用一张张实实在在的美元来衡量的。乐观主义者喜欢尝试新鲜事物。悲观主义者做一切都是为了保护他们已有的东西。那些对顾客和雇主持积极态度的人明显比那些消极的人要高效得多。你思考问题的方式和态度真的很重要。

同样重要的还有你的沟通方式。那些擅长和他人沟通的人在工作上做得更多，赚得也相对更多。和不同类型的人交往和建立联系的能力真的是一笔宝贵的工作财富。同时，好的工作习惯也有看得见的价值：准备工作的充分性、做事的准确性、接受指令后的跟进能力、礼节性和考虑问题的周到性。这些都是价值连城的好习惯。努力升值你思考问题的方式、你与他人建立联系的方式以及你养成的习惯。你得到的回报会超乎你的意料。

看了这个观点，你会采取什么行动?

169. 一年比一年年轻

我最近读了一本很喜欢的书，名为《一年比一年年轻》，还采访了书的作者克里斯·克劳利。这本书里提出的基本前提是，通过培养日常锻炼的终身习惯，你就能永远保持年轻、健康和快乐。

我发现这点说得特别对，我决定将日常锻炼作为我余生的主要工作之一。自从踏上这条路以后，我成功地减掉了身上的多余脂肪，提高了身手的敏捷性，还能一整天保持机警和强健的状态。同时，我的态度和创造力也得到了进步。美国运动健身协会长期对日常锻炼带来的回报进行跟踪记录。我大概坚持连续锻炼了 40 年，不过这项最新更新的锻炼记录给我带来的回报似乎不仅仅像之前简单的慢跑和徒步锻炼这么简单。

放手一试吧。如果你受了重伤或身体变形严重，咨询一下你的医生，看你能做什么运动，但是无论如何，都请确保每天都做点什么。如果你身体状态没什么问题，那就让自己更上一层楼吧。像样地生活！

看了这个观点，你会采取什么行动？

我是如何激励我自己的

每天起床，无论何时，我都会问自己这个问题：“我是选择让今天变成最快乐的一天，只去迎接那些积极的事物，还是选择纠结于那些消极的事情？”每一天，我都会选择过快乐的一天。这是选择！

乔伊斯·克努森

170. 最好的准备或最坏的防备

让我们再重温一下乐观主义者和悲观主义者的想法。我的一个朋友称自己是“现实主义者”，但在我看来，他体现出的就是悲观主义者的想法。他说：“我不是一个悲观主义者——我总是在为最好的做准备。”但事实并非如此：他只是在为最坏的做防备。

为最好的做准备和为最坏的做防备是有差别的。准备和防备的定义是不同的：一个是期待成功，而另一个是希望失败不要发生。我总是会听到他说：“我真希望不要下雨！”或“我希望我们不要遇到任何交通阻塞”。你明白我的意思了吗？他心里总是想防备不好的事情。相反，一个乐观主义者会说：“太好了，今天肯定没有雨。一整天都会是晴天。”或“真走运，我们就堵了一会儿，然后就一路畅通地到了这里。”

现在开始留意自己期待或预测一件事时会是哪一种心态模式。看看转换成积极的心态模式会不会给你带来好处。我觉得一定会的。

看了这个观点，你会采取什么行动？

171. 吾若勇敢

纳什维尔民谣歌手亚娜·斯坦菲尔德唱过一首名为《吾若勇敢》的歌曲。多棒的歌名！她在歌中提出这样一个问题“吾若勇敢，今将奈何？如果给我一天的勇气，我今天会做什么？”这是一个应对恐惧的绝佳策略。面对恐惧，我们不要深陷其中，而要假设自己拥有了足够的自信和力量，然后把注意力放在思考该如何做上。假设你有了自信和勇气，你会采取什么措施？这个问题能带我们冲出恐惧带来的情感障碍。你可以自己或给你的孩子试试这个方法。下次你再看到心生胆怯的人，问一问他们在没有恐惧产生的情况下，他们会如何做。让他们哪怕只去设想一下另一种可能。通过这种方法，你就能打破恐惧带来的钳制和束缚。

有一次我在新西兰的一座高桥上蹦极时，也采取了类似的方法。我问自己，

“如果我内心没有对这件事的恐惧，我会怎么做？”我下定了决心迈出第一步。我成功了！如果你没有了对一件事的恐惧，你会怎么做？

看了这个观点，你会采取什么行动？

172. 幸运的 13

是不是有一个叫“幸运数字”的东西？不幸数字呢？有些酒店已经对这种迷信说法痴信到了一定的程度，他们甚至不在酒店设置 13 楼——14 楼的下面直接就是 12 楼。当然 13 楼本身还是客观存在的，只不过人们不把它想象成 13 楼。

莎士比亚曾经写过：“没有绝对的好与坏，都是人的想法使然。”所谓的运气当然也是如此。运气只是我们的大脑在无知和迷信的基础上虚拟出的一个概念，只不过这的确是一个很流行的概念！许多古老文明都把数字看作一种征兆，判断一件事的好或坏，但其实数字就只是数字。真正造成这种现象和结果的是我们的思想。

不可否认，的确有“时来运转”的时候，仿佛一切都站在你这边。不过这里的“时来”也要取决于你心态如何。那些认为自己幸运的人往往真的比那些悲观的人幸运，同样的道理，那些认为自己不幸的人也往往处处不顺。决定现实的是我们的思维和心态。

每次谈论运气的时候，提醒一下自己。可以偶尔有一些神经质的小思维，但一定要确保用它们帮助自己，而不是让它们加剧你的恐惧和怀疑。你的思考方式决定了你的行为方式，而决定你思考方式的是你自己！

看了这个观点，你会采取什么行动？

173. 大会上的舞会

我最近目睹了美国演讲家协会会员在一场大会过后进行的一场舞会，深受鼓舞。总共 4000 名职业演说家会员中有 1500 人参加了那次大会，有 500 多个人参加了颁奖典礼过后的舞会。大厅里，有年轻人也有老人，有高个子也有矮个子，有残疾人和健全的人，有其貌不扬的，有装扮独特的，形形色色的人跟着音乐的旋律在大厅里翩翩起舞。

有三个坐在轮椅上的人和体格健全的人手拉手跳着舞。不远处是一个身材娇小的小姑娘和一个是她两倍身高的小伙子。旁边，一个女士搀扶着她失明的丈夫缓慢地挪动着舞步。我感受到了一种莫大的鼓舞。在场所有人都陶醉在音乐当中，没有人因为对方的缺陷而互相排斥，这是真正的接纳和认可。人与人之间的多样性达到了一个最高层次的共融。不同种族、身体、性别以及年龄层次的人都交融在了音乐的欢庆氛围中。跳起来！

看了这个观点，你会采取什么行动？

174. 手臂残疾的店员

我们现在生存的世界和我小时候的世界是多么不同！我年轻时，那些肢体有障碍的人往往被认为是弱势群体，无法参与到任何正常人的活动中。这个印象不是家长或者老师教我们的——是每个人都这样认为。这在当时是一种默认的标准和惯例。

但是上周，我和妻子去逛街买衣服，接待我们的店员是一位手臂严重残疾变形但是举止非常得体的女士。她显示出了极高的工作素养和非常得体的工作态度。除了不能和常人一样经常使用自己的手臂，她和我们没什么两样。

我和妻子迟疑了一秒钟，但是当我们注意到她能欣然接受自己身体的状况时，我们也放心了。事实上，看到她能在肢体限制的影响下如此好地调整自己，我感到非常开心和欣慰。

我越来越相信，我们对他人身上差异的反应方式折射出的更多的是我们自己，而不是对方。如果我们总是小心翼翼，害怕一不小心冒犯了对方，那往往是我们限制性的态度在作祟，而不是因为对方的个人情况。所有人都有尊严，都值得我们的尊重。而当我们用一种自然而然、不带任何限制的方式看待别人，我们之间所有的差异就都烟消云散了。

看了这个观点，你会采取什么行动?

175. 牛津教授

我最近有幸参加了一个牛津大学教授开设的系列讲座，这位教授在倾听学生观点过程中采取的某些做法让我印象颇为深刻。

在上课的过程中，我们会时不时地在下面问她一些超出讨论范围非常规的问题。而她不像一般的老师那样绞尽脑汁想给出一个答案，相反，她往往会反问："看起来你对这个话题还挺有想法的。你愿意和我们分享一下你的想法吗？"几乎每一次，提问者都会笑着回答说："当然，我很愿意。"然后他们就会就一个观点不断延伸自己的想法，希望能和教授在某些方面达成共识。而教授则会透过这个反思性的问题进一步挖掘这个提问的学生关注的重点，通过这种方式，她让整个课堂充满乐趣，调动了每个人的积极性。

下次有人问你一个非常大的问题时，试试使用教授的这个技巧，简单地问对方一句，"你对这个话题是怎么看的？"也许你能有所收获。

看了这个观点，你会采取什么行动?

176. 你很重要

我的一位老板曾拒绝给我升迁，我认为我完全能胜任那个职位，但他当时认为我高估了自己能力。这件事使我加倍努力，并最终赢得了那个新职位。他当时的意图肯定不是激励我，但无论如何，他的的确确某种程度上激励了我。

吉姆·索普是有史以来最伟大的运动员之一，但如果没有他的教练波伯·沃纳，我们谁也不会听说他的名字。世界上最伟大的钢琴家最开始也需要有人教他如何弹钢琴。我们每个人脱颖而出的背后都需要有一个指导、鼓励我们的人，每个人都对我们有重要的意义；甚至那些似乎伤害过我们的人，某种程度上，对我们来讲也是一种刺激，让我们开始一个全新的方向。

试想，如果没有这些曾经的生活经历，好的也好，坏的也罢，你都不会走到今天这一步，取得今天的成就。一个生活中只有鼓励的人可能总会高估自己的能力，并往往不能准确评估风险。而一个生活中处处碰壁、孤立无援的人则往往会低估自己。无论是好的经历还是坏的经历，都能发挥某种作用和影响，所以当我们面临选择时，请选择积极的一面。

看了这个观点，你会采取什么行动？

177. 你会以谁为标准衡量自己?

当你被问到“你最近生活得怎么样”时，你会以谁为参照标准衡量自己？你的父母、朋友、亲戚、同学、同事，还是那些成功人士？你会以谁为标准？你用来衡量自己的人或标准某种程度上反映了你的前进目标和方向。

当我还是一个年轻人时，我的目标是超越我父亲取得的成就。当我成为一个职业演说家时，我希望得到众多成功演说家前辈的接纳和肯定。当我成为一名资深演说家时，我渴望得到观众和读者的认可和承认。而现在作为一名父亲，我希望给自己的子孙后代树立一个好的榜样，无论他们现在能否立刻理解。

在你我过往的人生经历中，我们发现一个人的价值体现在他能否发挥积极作用——能否担当一个贡献者而不是索取者。想想截至人生目前阶段，你最想成就的是什么？眼光长远一些，突破自我的界限，问问自己，“我能为让这个世界更加美好做些什么？”

看了这个观点，你会采取什么行动？

178. 法拉利因素

乔和史蒂芬为了争先购买我的新法拉利，吵了好几个小时。我当时打电话告诉他们我的一个客户给我邮了一辆法拉利（显然，我说是邮过来的，肯定多少有些奇怪）。但是他们没有注意到我开的小玩笑，他们以为我有一辆正常尺寸的法拉利汽车，而他们当时没有法拉利，所以他们为了同时从我这买走这辆车争个不休。

但事实情况是，我的这辆车只是一个 1 ： 25 的小车模，但是我已经成功地诱惑了他们。最终史蒂芬宣布胜利——他要买下我的车！我告诉他这是非卖品，但是他坚持要买。我告诉他这辆车只有正常车尺寸的 1/25，但是他还没等我说完就打断我说：“所有的法拉利都是小尺寸的。”我告诉他车的发动机根本用不了。他说没关系可以换。总之我这辆车他要定了！最终，在他终于意识到自己理解错了以后，感到羞愧难当！后来他对我说：“吉姆，你真的要到我了。”你有没有经常把时间和精力浪费在忧虑别人有而你没有的东西上？如果把时间花在和过去的自己比较而不是和别人比较上面，你的人生会不会更高效？

看了这个观点，你会采取什么行动？

179. 准备：外部

美国童子军的口号就是“时刻做好准备”。对于你我来说，这也是一个不错的个人座右铭。那些时刻花时间做准备的人往往掌握着对事物的控制权。而那些疏于准备的人则经常受外界情况和他人的控制。你一定听过那句老话：有备无患，通过合理的计划安排，我们能防止出现各种隐患和不佳的表现。

下面是从另外一个角度对这句话的思考：失败是实践形式的一种。约翰·罗斯金曾经说过：“现在的人太害怕失败了。但失败是通往成功的必经之路。”如果你在制订计划时屡屡经历失败，那么你在实施计划的过程中就能绕开这些失败。我们对一件事可能发展的方向和途径了解得越周到，我们就能看到越多的可能性。而那些能预测最多可能性的人也往往拥有最多可供他选择的机会，在任何情况下，一个拥有最多选择和机会的人赢的概率都是最大的。德怀特·艾森豪威尔说过：“计划本身没有价值，但是制订计划的过程决定成败。”

看了这个观点，你会采取什么行动？

180. 准备：内部

有人曾经抱怨说，每次机会来敲他的门，他都刚好出去倒垃圾了。我知道这种痛苦的感觉。大多数人错失机会都是因为机会来临时他们没有准备好。但是如果你没准备好，那这个机会就不是你的。

面对机会，我觉得每个人都应该首先做一名“合格的接收者”。这是一种能让我们“变得幸运”的方式。不管机会到来与否，你都可以坐在机会的窗口前时刻做好准备，将提高运气的砝码握在自己手里。这不是浪费时间，即使周围的一切都没有变化——因为在这个准备的过程中的你，已经不一样了，你已经凭借着自己的努力变得更好了。

有一种为机会做好准备的方式，那就是内部自省，观察你自己的世界和生活。你能发现哪些可以为你有效利用的信息？你可以通过阅读哪些出版物发现更多机会？你能和哪些人取得更多的联系？你还能发展出什么技能？想一想：如果你想学一门新语言，那么之后你能不能找到机会让这个新技能派上用场？那些不会讲意大利语的人是得不到边做翻译边免费旅行意大利的机会的。做好准备，你的机会就要来了。

看了这个观点，你会采取什么行动？

181. 自我准备：心态

心态的重要性再怎么强调都不为过，其作用非同小可。我们对如何做一件事的想法对这件事最终的结果会产生巨大的影响。每天我们都要选择自己的态度。我们以积极乐观的心态开始一天，我们的能量也就得到了提升。我们结识新朋友并关注他们好的一面，我们就为我们的关系打开了一扇门。同样，当我们遭遇困难时，我们可以选择与之斗争、放弃，最后垂头丧气，或者也可以选择把它看作一个全新的起点。

我的一个朋友没有得到他想要的工作，但是据我观察，尽管他没得到这份工作，但是他一直都是公司总部高层热议的“每日话题”。我猜测这次失利可能反而会给他未来带来更好的机会。一开始他对我的观点不以为然，但是几天过后，他得到通知，不久以后他将获得一个更好的职位。

你可能会说：“但是如果我猜错了呢？”那你告诉我——哪种方式能让你更愉悦地开始一天：对过去的损失耿耿于怀，还是对未来的成功充满期待？

你每天的心态由你选择。好好选。

看了这个观点，你会采取什么行动?

182. 自我准备：身体

在你准备迎接新的一天时，想想如果你为这一天做好了充分的准备，你将享受更加美好的一天。那么你都需要为今天准备哪些东西呢？你的工作时间表、智能手机、手提电脑、便笺簿、一些重要的信息和文件、某个特殊工具？为了今天能一切顺利、得偿所愿，你该如何着装？你今天可能会见谁？你能提前了解他们的哪些信息？

如果你要见某个特别的人，哪里是最适合见面的地点？你们会在哪里吃早餐、午餐和晚餐，为什么？你怎么安排这一系列事情在最大限度上体现你的优势？何时开启这一天？何时结束今天的活动？

在你开车、锻炼和休息的时候你会听什么？你该如何把这些休息时间转化为学习时间？今天谁会愿意听你讲话？你怎样才能最快速便捷地与他们搭建联系？为今天的机会做好准备。

看了这个观点，你会采取什么行动?

183. 定位：对象（市场和群体）

我们假设你要开始一项新的生意业务。有哪些人一开始就已经买你的账了？进入市场的最佳方式就是去寻找那些在你产品问世之前就对你的产品或服务感兴趣但是现在在用其他产品的顾客，你需要先与这些人搭建联系。对于这些顾客，你的首要任务就是要把他们从其他产品供应商的手中“解救”出来，为这些顾客提供更优质的产品或服务，或者更实惠的价格。

另外一方面，如果你提供的产品在市场中一片空白，没有竞争对手，那么你就需要去寻找哪些潜在的群体可能希望享受到你产品或服务带来的方便与益处。如果你在卖一款新的电脑应用软件，那么你的最佳潜在顾客可能是那些已经购买类似应用软件的用户群体。无论你卖的是什么产品，都记得去追踪那些已经购买类似产品的用户，他们将会是你产品最自然的主要用户群体。

> **我是如何激励我自己的**
>
> 给自己一些欢呼和掌声，并想象它们是从一个挤满庆祝人群的体育场上传来的。
>
> 鲍勃·E.司布真

看了这个观点，你会采取什么行动?

184. 定位：对象（个体和影响力中心）

在远古时代，当一支军队遭遇另一支更强大的军队时，他们采取的最好的制胜策略就是先消灭敌人的首领。这样，敌方军队就不太可能再对你构成什么威胁（想想大卫与歌利亚以弱胜强的故事）。

你也可以以积极的角度看待这个原则，用这个办法去赢得领导的认可或支持。每个社群中都会有一到两个能影响他人观点的人。如果我们想快速得到一个社群的认可和接受，那么最好的切入点就是赢得“影响力中心”阶层的支持。有一些影响力中心阶层比较明显：一个公司的董事长、一座城市的市长、一间教堂的牧师、一个家族的族长。但是有一些影响力中心则比较隐秘。

我们要习惯去观察每个人服从命令的链条。去追踪意见和命令下达自哪里，是如何最终形成的。有时你可以直接把自己的想法告诉那个最正确（说了算）的人，然后你会发现前进的路上大门洞开、畅通无阻。所以从现在开始留意你所有人际关系中的影响力中心吧，然后观察其中种种态度和观念是如何形成的。下次你做一件事需要获取支持时，你就知道该从哪里开始下手了。

看了这个观点，你会采取什么行动？

185. 定位：方法（战略）

假设以下场景：你们当地的男孩女孩俱乐部要筹集基金，你被选为负责人要主持年会，你该如何为年会拉人气和赞助？你可以学习那些优秀企业成功销售产品或服务的战略，和他们一样——先定位最可能存在的潜在买家。哪些人在这之前就已经信任青少年俱乐部了？父母。还有呢？老师。还有呢？警察和学校系统里的人。

然后问问自己，我该如何接触到这些人？调查他们读什么、看什么电视节目、通过何种渠道获取新闻、他们听谁的话、他们避讳谁以及他们空闲时间会做什么。有了这些问题的答案，你就能轻松地设计出一套方案，提前安排好在哪里摆放广告、谁来负责展示海报以及寻找一个能带动参与人数的名人代言。为了得到最快速稳定的支持，一定要先寻找那些原本就信任你工作的原生支持者。

看了这个观点，你会采取什么行动？

186. 定位：方法（战术）

战术不同于战略。一项战略是做某件事宏观的、整体的方针，而战术则是某个战略框架下一个具体的应用手段。如果你想把一份全新的早餐燕麦卖给孩子，那么你的战略应该是先通过在卡通片节目和儿童活动中植入广告来创造市场需求。你可能会想，如果我先让孩子对它产生需求，那么他们的父母就会为这个需求买单。这种战略往往比直接去说服他们的父母要高明得多。

而另一方面，你的战术，则是你具体赢得孩子欢心的方法。你可以将一部分样品做成赠品，打造一个可爱的卡通形象作为广告噱头，或者打造一句孩子们读起来朗朗上口的品牌标语。

选择并制定一项明智的战略，然后脚踏实地地实践你的各项战术，成功便会水到渠成。

看了这个观点，你会采取什么行动？

187. 用头脑缔造连接——公信力

你是一个可以相信的人吗？当你和别人谈话时，他们相信你说的话吗？我们谈话对象对我们的态度和反馈某种程度上是建立在我们公信力基础之上的。如果一件事对你来说“难以置信”，那就说明你不相信它。

你该如何提升自己的公信力呢？首先，实话实说是一种美德，是你声誉的一部分，而你的声誉会对你产生持续的影响。如果你在别人眼里是一个爱讲真话的人，那么你就能得到别人的信任。如果周围的人都认为你是一个爱八卦的人，那么他们也会担心你说不定什么时候也会八卦他们。如果你对别人总是求全责备、尖酸刻薄，那么你的公信力也会越来越低。人们都说：“如果你坐在树枝上朝别人头上锯木屑，那你早晚也要从树上摔下来。”

一个获得公信力的方法是有意识地把握和控制你说出的话。你说一件事是真的，就一定确保它千真万确就是真的。一旦个人提出的观点被过分夸张成了真理，就往往会导致怀疑和信任的缺失。另一个变得值得信赖的方式就是只说那些你确信有可靠来源的信息。不要人云亦云地重复别人的观点，仔细检查你的信息来源，反复证实你的论据。像一个新闻播报员一样思考，在你说出话之前反复确认信息的真实性。变得更加可靠、更加值得信赖。尤其在处理别人转发过的电子邮件时，要特别注意信息的真实性。很多真相在这个过程中会发生扭曲。反复查证信息的来源。

看了这个观点，你会采取什么行动？

188. 活跃度——你够活跃吗？

判断一个人成不成功的方法之一就是看他们够不够活跃，看他们做了多少事。有的人总是抱怨结果不尽如人意，但是从没有尝试通过增加自己的行动量取得成功。

如果一个销售员很擅长销售但是就是迟迟不签单，那么很有可能是因为他们没有给足够多的潜在顾客打电话。假设他们真的是销售高手，那么他们接触的人越多，他们达成的销售量也一定与之成正比。如果一个人经过几次面试都没有得到工作，那么再继续多参加几次面试就行了，或者可能他们需要学一些面试技巧。

但通常来说，想在结果上取得期望的进展，很简单，增加必要的行动，保持应有的活跃度就可以了。贝比鲁斯是历史上最伟大的棒球击球者之一，但与此同时他也是三振出局最多的球手！他挥舞球棒的次数比任何人都多。

所以，问问你自己："我为我想要的结果做出足够多的尝试了吗？"想得到更多，先更多地付出。提高你的活跃度和行动量，你想要的结果将水到渠成。

看了这个观点，你会采取什么行动？

189. 用心缔造连接——关系

每次我发表大会演讲时，我会尝试不仅在知识层面与观众形成连接与互动，而且还会在情感层面与观众达成连接与共鸣。我不只想让他们明白我讲的“道理”——我还想让他们关心我说的内容。为了做到这一点，首先要知道他们关心什么，去倾听人们说什么，观察他们做什么。如果他们真正关心的是他们产品的质量、公司的历史、给顾客创造的价值或者工作给他们带来的自豪感，那么我会在这些方面给予他们承认和赞赏。他们越能体会到我关心他们关心的，他们越能感受到我们彼此之间的连接。

这个道理对你也适用。当别人感觉到你和他们有一样的价值观或者你尊重他们的努力时，他们就会接纳你进入他们的世界。我们要习惯去观察每个人在意和关心的是什么。那里隐藏着与他们缔造连接的关键之钥。

看了这个观点，你会采取什么行动?

190. 建立连接——信任

当人与人之间紧张感高时，信任感就低，也就是我们说的关系紧张状态。任何一段关系都有紧张感的存在。当两个人关系和谐融洽时，他们之间的紧张感就相对低，相应的，信任感就比较高。想培养与任何人之间的信任感，都要先控制好人际关系中的紧张感。

找到与他们和谐共处的方式。调整你说话的速度，尽量和他们的语速保持同步。如果你说话比较慢而对方语速很快，那你就加快一些速度，但是要保持自然。如果他们在谈论细节，那你就不要在概念上滔滔不绝——多给一些例子。如果他们来回走动，你也不要坐着不动，也适当地走动一下。如果他们是异常细心的人，那你也要时刻注意自己的一言一行。一旦他们发现你和他们一样细心，他们就会更加信任你。有些人做事雷厉风行，有的人则不紧不慢、慢条斯理。你要从他们身上发现这些特点，然后顺应他们的风格。通过不断调整你与他人交往的策略和方法，你就能减少你们之间关系的紧张感，信任也便随之而来。

看了这个观点，你会采取什么行动?

191. 审时度势——探寻

你擅长问问题吗? 有多擅长? 你越擅长提问，你得到的高质量答案也越多。提问题的方式大致有两种：开放式的和封闭式的问题。封闭式的问题往往探寻的是一个具体精确的答案："现在几点了?""三点。"回答就结束了。

而一个开放式的问题会进一步探寻更多信息："你觉得办公室新的装修风格怎么样?"你可以简单地回答："是我喜欢的风格。"或者你可以花半个小时的时间详细阐述你具体喜欢哪里或不喜欢哪里。我曾听到一个人问某老板："你有多少人给你打工?"（一个封闭式问题），但他回答说："只有大概一半的人在为我打工，而另一半人需要我花时间去激励他们。"（一个开放式的答案）

好好体会一下这个概念。准备一些好用的开放和封闭式的问题，今天就用一用。看看别人是怎么回答你的。反复练习，努力成为一个更好的提问者，你也会得到更好的答案。

看了这个观点，你会采取什么行动?

192. 审时度势——分析

你 10 岁的小女儿来找你哭诉哥哥不带她一起和他的朋友们玩。你听了以后会怎么做? 表面上看，这件事很简单，把孩子们叫在一起玩就行了。你如果命令哥哥一定要带上妹妹，可能哥哥会照做，但是这是正确的做法吗? 唯一判断这么做对不对的方法就是审时度势地分析一下具体情况。

通过从各个角度仔细分析这件事，你会了解整件事的来龙去脉，可能小女儿想玩的是完全不同的游戏——她只是觉得自己被冷落了。又或者哥哥们玩的游戏只适合两个人玩，比如国际象棋或跳棋。可能这只是身体能力差异导致的，比如如果哥哥们在踢足球，那她显然只能在旁边看一看。又或者只是因为这群男孩子对她有些排斥，她想要报复。可能性有一千种，而你只有通过亲身探索和分析才能知道事情的真相。

这个道理任何情况下都适用——所有事情都有起因和经过。在你采取具体行动之前，一定要分析原因。不要仅根据表象采取行动，要找到背后的根源。

看了这个观点，你会采取什么行动?

193. 善解人意——理解

我们很容易只关注一个人的行为而忽略了他们这么做背后的原因。比如说一个孩子刚刚完成了一件比以前完成得都出色的事情，然后跑到你面前说："看我做的！"表面上看，这只不过是吹嘘，但是他内心存在的可能是一种对获得反馈和承认的渴望。我们都需要从别人那里获得回应，需要有一个我们可以与其共享成功和喜悦的人。如果没有这样一个人可以让我们分享经历，我们就会有一种被抛弃的感觉。花些时间帮别人一同庆祝他们的胜利，你会看到他们发自内心的微笑。

另外，人们日常陷入的很多争吵都不是由某个表面的原因所导致。通常，根本原因无外乎三种：没有得到别人认可内心的失落、没有得到一句简单道歉内心的芥蒂，和没有得到他人理解内心的苦闷。学会退一步，去观察声音背后的原因，你总能轻松地让局面得到改观。

看了这个观点，你会采取什么行动?

194. 善解人意——以一颗同理心去感同身受

有两个我想和你进一步探讨的词：同情心和同理心。同情心是指站在别人的角度，和别人一样地去感觉，而同理心是指理解别人是如何感觉的。当人们试图展现出同情心时，他们内心往往是想以一颗同理心去感同身受的。我们帮助和安慰别人最好的方式不是去像他们一样感受，而是理解他们内心真正的感受，去体现我们对他们的理解和关心。通常，当别人表面上想寻求你的帮助时，其实他们真正想要的只是找个人，一个能同样理解他们所面临困境的人。

成为一个好的倾听者已经是对对方莫大的支持和帮助了。多试着问一问："那件事让你有什么感觉？"或者说："这对你来说一定非常难。"不要自以为你知道他们的感受——试着去探寻、去询问对方，了解对方的真实感受。展现出足够真诚的关心。你的同理心将展现出比你的同情心更高的价值。向他人展现出你的关心吧。

看了这个观点，你会采取什么行动？

195. 三点一诗

我一个朋友开玩笑和我说所有的公共演讲者在演讲时只讲"三个要点一首诗"就可以了。某些演讲者确实是如此，但实际上对于我们来说，这不见得是一个坏的套路。不，并不是让你真的去准备一首诗，但是你在做一场演讲展示的时候，可以考虑把你要讲的内容概括成三个方便记忆的要点，然后结尾的时候呼吁一下大家采取行动。人们说，在乡村音乐中，作一首好歌的通用诀窍就是三个和弦加一个真理——一段简单的旋律搭配一段动人的故事或情节。

简单的结构能让演讲变得更加容易，也更方便记忆。通过把演讲内容浓缩成三点，你会发现每一点后面都能很自然轻松地衔接一段故事或例子。然后，在你演讲结尾对这三点进行总结时，你可以归纳一下，说："这篇演讲对你们的意义在于……"然后向观众/听众解释一下他们可以通过采取哪些行动来最终获益。

下次你做演讲时，试试这个技巧："下面是我为大家准备诗……"哈哈，开个玩笑。

看了这个观点，你会采取什么行动？

196. 解决他们的问题：相关性

我们每个人在生活中都会偶尔扮演销售员的角色。当你提出一件事，想向别人解释它的价值时，停下来思考一下，填一填下面的句子："这件事对你的意义是……"如果你想销售手机服务，解释一下它的信号覆盖区域，但是同时你要记得告诉我："这件事对你的意义是，从此你不会再错过别人的电话了。"当你想提醒孩子晚餐要准时来餐桌吃饭时，你要和他们解释说："这么做对你的意义是，你来到餐桌前能让每个人都很开心，大家就不会因为都等着你而产生不愉快的心情了。"我们越经常采取这种方式，我们就越能变得具有说服力。

厄尔·南丁格尔曾讲过一个女人买炉子的故事。销售员告诉了她所有信息，发热量和燃油消耗量等，然后这个女人终于忍不住了，打断他问："它能让我暖和吗？"

看了这个观点，你会采取什么行动？

197. 奉献自己

大卫·邓恩写过一本书，名为《试着把自己奉献出去》。这是一本读起来令人身心愉悦的书，篇幅不长，里面是作者在日常生活中处处为他人着想、处处帮助他人的点点滴滴和小故事。他会拾起别人扔掉的垃圾，无论到哪里他都主动伸出援手。他不图感谢地付出，从不追求任何回报——但是在这个过程中他已经收获了回报！人们会在街上拦住他说："我看见你主动让出停车位给那家开货车的人，你人真好。"或者，人们会因为他体现出的奉献精神与态度而纷纷选择信任他。

你自己为什么不尝试一下？现在开始，每天想办法帮助一个你能帮助的人。从小事做起：帮别人留一下门，举一下行李，给别人留一张祝贺的纸条，为别人的努力工作送去一份肯定，向别人表现出的耐心和慷慨表达谢意，赞扬他人身上的可取之处（"你真是一个好的倾听者""你笑起来整个房间都亮了""大家都好喜欢你""你真是个好榜样"）。

你越是奉献出你自己，这个世界越会以一种你意想不到的方式回馈你。现在就开始行动吧。

看了这个观点，你会采取什么行动？

198. 如何更有创造力？

提高创造力可以通过不断切换思考问题的结构来实现。举个例子：如果你想想出一些新的赚钱方法，可以试着实践下面这些能激发你创造力的关键词：

（1）放大——我怎样才能扩大我现在所作所为的影响力和作用，从而让我赚更多钱？

（2）缩小——我该怎样充分利用我那小部分的碎片化的资源，让它们中的一部分发挥更高效的作用？

（3）转化——我该如何通过让他人心甘情愿地做他们愿意做的事，然后从中赚到钱？我有没有可以分享给他们的工具、财产或门票类的奖励？

（4）加速——我怎样才能提高做事的速度？

（5）放慢——我怎样才能把手里的事做得更加细致？

（6）精简——为了腾出更多的精力和能量做更赚钱、更有益的事，我可以淘汰哪些行动？

（7）委托——我可以找谁收费甚至免费帮我搞定一些事情？

（8）放眼未来——假设今天的工作已经完成，接下来我能通过做什么继续创造收入？

（9）回顾过去——在我过去做过或者放弃过的事情中，有没有能在今天产生价值的？你越经常改变你看待事情的方式，你能想到的新观点就越多。

看了这个观点，你会采取什么行动？

199. 怎么送礼？

送礼要送别人喜欢的，而不是你喜欢的。如果你想表达对一个人的慷慨，首先要确定对方对什么感兴趣，了解他们喜欢什么、欣赏什么，然后准备礼物。往往，人们会在他们认为很完美的礼物上一掷千金，到头来却发现对方根本不喜欢。这是因为他们在考虑问题时仅仅照顾到了自己的想法。

如果一个人很好动，那么他们可能更喜欢比如一次水疗护理、体育门票或者休闲娱乐类的礼物。如果换作一个更喜静、更追求精神享受的人，那一本书或一套课程录像则可能更让他们开心。社交属性非常强的人最喜欢的莫过于和朋友们共进午餐或者共赴宴会。那些一心向钱看的人则迫不及待地想得到一枚金币或一本财经杂志的订阅。那些非常喜欢竞争、相信弱肉强食的人可能更喜欢各类体育项目或者渴望通过特殊渠道和贵人牵线搭桥。充满艺术气息的人则可能更向往去参观艺术馆或得到一件符合他们品位的艺术装饰品。

当你想要送别人礼物时，先问问自己，“他们想要什么？”

看了这个观点，你会采取什么行动？

200. 我就是不想做！

如果一切事情都要等到我们非常想做的时候再去做，那这个世界会是什么样子？我听到过一个说法，所谓成熟，就是能驱动自己去做那些不得不完成的事，当一件事到了不得不完成的地步时，不管你想不想做——都要把它做好。

我的一个朋友说给宝宝换尿布的时候就是这样。他说：当一件事到了不得不做的地步（不能等到一会儿再做或等到你有想做的欲望了再做），你就必须强迫自己做这件事（换尿布）。不管你想做还是不想做，这件事都必须搞定，而且，最终这件事还要做得很好。如果你没有把它做对做好，会产生更严重的后果。

你是否经常听到自己说“我就是不想做”或“我现在没心情做它”？这些想法都可以理解，但是它们不能成为我们不采取行动的理由。刻意练习，让“我就是不想做”这个想法从

我是如何激励我自己的

每当我情绪低落或缺乏动力时，最快的恢复方式就是来一首带劲的音乐，最好是《汽车城》节奏的！你应该看看我跳舞的样子……甚至是在车里！

卡米拉·沃尔沃

你的生活中消失。去做那些不得不做的事，就现在。

看了这个观点，你会采取什么行动？

201. 解决问题：个性化

昨天，我收到了一封一家我知道的公司给我的来信。在信的底端，我看到了我在那家公司认识的一个熟人用手写的“你好”两个字。对我来说，一封普普通通的商务信函和一封有个性化备注的商务信函带来的效果和反响有着天壤之别。正是因为这封信函是个性化的，所以我花时间从头到尾把它读了一遍，然后采取了相应的行动。如果没有这个个性化的触动设置，我想我很可能会把它束之高阁，弃之不理。

你该怎样让每一次的沟通与联系变得更加个性化、更加有人情味呢？在发电子邮件时，你可以在主题行或开头句上做做文章，或者附上一个照片附件。在写信时，你可以在信封或者信函上做一个手写的个性化备注。在语音电话留言时，你可以补充一句个人问候或解释。在送礼物时，你可以在贺卡上添一段自己的话，或者在里面留一张字条。在你给家人留字条的时候，在后面画一个笑脸或者留一段充满人情味的个性化备注。仅仅通过几个具有人情味的个性化小触动，你就能让你与他人的沟通与互动发生翻天覆地的变化。

看了这个观点，你会采取什么行动？

202. 解决他们的问题：把他人牵涉进来

如有你有一个问题要解决，通常最快捷高效的方式是把别人牵涉进来，人们往往倾向于支持那些他们一开始就参与的事情。下次你面临困境时，不要孤军奋战地自己解决，主动寻求帮助，询问他人意见。想办法从别人那里获得一些建议或者支援。这样做，不仅表现出了你对他们能力的认可，相信他们有能力帮助你，而且还体现出了你对他们观点的尊重。仅仅因为你向他人求助并不代表你就一定要接受别人的观点，但是寻求别人的意见总是有益的。人都是喜欢帮忙的，他们喜欢被别人求助并施展自己的能力。

此外，如果是你向他人提供建议，不要“要求”别人一定要按照你的想法做，不然你会吓跑他们，以后他们不会再找你寻求意见了。我能想起来的一个比较常见也算是比较正式的应答方式就是“好的，我记住了”。当你听到别人对你说“好的，我记住了”时，就代表他们已经听到了你的建议，会认真考虑你的建议，而且感谢你提的建议。如果每个人的参与都能得到鼓励，每个人的观点都能得到考虑，那么每个人也都将感觉到自己得到了重视。

看了这个观点，你会采取什么行动？

203. 谈判

一场谈判既可以是一场竞争对手之间的争吵辩论，也可以是一场患难同伴之间的合作洽谈。往往，决定权掌握在你的手里。如果一名销售员以一种权力争斗的方式卖一辆汽车，那么买家肯定会有一种被操纵的感觉。但如果卖家能以尊重和诚恳的态度对待买家，那么双方往往能达成一个合理的成交价格。这个道理同样适用于办公室谈判、争执调解和父母与孩子之间的矛盾调解。

我 22 岁的时候是一名收账员，那个时候我就发现，当我给对方足够多的尊严时，我要回的账会更多。而后来接管我这个工作的人则不同，在他眼里这份工作只不过是让他做一个合同的强制执行者。最终，他被一个到期未还款的客户打伤进了医院。

有时，知道如何进行一场好的谈判是一项非常重要的技能。尊重对方，保持诚实、公正和坚定。

看了这个观点，你会采取什么行动？

204. 谈判：总结

在你和别人讨论一项协议的过程中，记得适时地总结。一旦我们的对话进入下一个阶段，我们很容易会忘记之前讨论的一些细节。所以，时不时地，停下来回顾一下你们已经解决的问题和达成一致的成果。用这种思路处理问题，我们能减少后续可能出现的矛盾，并能巩固我们已经取得的共识。

在销售房产的过程中，我们可以这样做："让我们总结一下刚才讨论的细节。您说您非常想要一个大的起居室，院子的面积不是首要考虑因素。那么我刚才给您看的那几套房有一部分您就不需要考虑了，但同时价钱也是要考虑的因素之一，所以我们看看价格上更有优势的房子，回头您可以在此基础上自己改造装修一个更大的起居室。您看这样可以吗？"这种情况下，卖家就是在尊重买家的需求，而且还给出了一些其他可能的替代方案来进一步满足买家的要求——提供一个起居室可以扩建，同时更经济实惠的房子。

下面是另一个例子：在计划假期家庭旅行时，你可以说："好，这次我们说好了，今年去双方父母家庭待同等多的时间。我们已经安排了两次去我父母家的旅行，四次去你父母家的旅行。"然后你就可以带着这个意识，即我们双方的家庭都需要得到同等的考虑，来继续你们的计划。经常做总结，你们的协议和合作就会更加顺畅。

看了这个观点，你会采取什么行动？

205. 确认：索求

我有两个朋友曾写过一本书，名为《没有索求，就没有所得》，说得多对。

为你想要的东西发出索求是唯一能让你的愿望和目的清晰地被别人了解和知道的方法。我们对彼此都抱有这个需求，这是千真万确的。无论何时，如果你想销售一个想法或产品，都要确保向对方发出希望对方购买的意图和请求。告诉他们你想要什么，你想要干什么，你想要什么结果："如果你现在签了这个订单，我们现在就可以开始合作。"或者，"你同意让我继续吗？"另外一方往往在等待你发出的信号，等待你告诉他们现在该做什么了。

没有经验的销售员总是只把注意力放在如何做一场扣人心弦的销售展示上，然后被动地等待，等待着客户说："我接受。"但问题是，客户往往是在等待销售员主动发出订单索求和邀约。如果双方都以为对方需要"考虑一会儿"，那谈判将颗粒无收。

主动向对方发出索求告诉对方该做什么，并不是无礼或冒失——这只是下一步为对方解决问题或实施行动所采取的合乎逻辑的行为。主动索求你想要的东西。

看了这个观点，你会采取什么行动？

206. 反复确认约定

在销售领域，有一个最值得关注的环节叫作"交易终结"。这是一个顾客抗拒、店员害怕的环节。通常，销售员负责展示、讲解产品，然后将产品和顾客交付至销售经理完成并结束一笔交易。其实这个环节体现了销售过程中的一个缺陷和误区，没有正确理解在销售中应该做什么。总是有销售经理找我帮忙，让我把他们的销售员变成更好的销售"终结者"。但是这其中有一个问题：我们需要的并不是终结，而是承诺。

我告诉他们根本就不要想着终结，而要去反复确认这笔交易的约定。这不是文字游戏——是不一样的重点。当我们终结一件事，这件事就关闭了，结束了，到此为止。但是当我们反复确认一件事时，这件事就会变得很正式，这件事就是一件我们彼此约定好的事，只是开始，而不是结束。确认一次就是承诺一次。这是“卖家－买家”关系的一种发起，而不是终结。所以要以反复确认交易约定的思路来销售，而不是一心想着终结销售。通过这种方式，我们能消除彼此的紧张感，从而促进合作。

看了这个观点，你会采取什么行动？

207. 保证顾客满意：回顾

你我在买东西时，都期望这会是一次愉快满意的经历，但是好像很多商人并不太在意这一点。在他们看来，你既然已经看到了产品、听过了描述，你就应该已经知道把它买回家的好处了。但问题是，我们的记忆力不是都能那么好。我们会忘记一些关键信息，只能想起来刚刚印象最深刻的那部分内容。

所以如果你是一名产品的提供者，无论何时，都请多花一些时间带顾客回顾他们买的产品，大声地反复提醒他们。回顾他们的兴趣、关注点以及他们想解决的问题。一遍一遍不厌其烦地向他们展示你产品或服务的特点和功能。不断提醒他们购买你的产品将是一个多么正确的选择，向他们保证你能满足他们在此类产品上想要的一切。不断和他们说：“让我们再看看您的需求，这些需求我们的产品都能满足。”

如果我们在顾客购买之后仍然能不断刷新他们对我们产品的好感，那么我们就能进一步提升他们的满意度，同时提高他们对我们的顾客忠诚度。

看了这个观点，你会采取什么行动？

208. 保证顾客满意：跟进

跟进可能是业务活动中问题最频发的环节。许承诺、拟协议、定目标和战略，这些都容易。最难的部分就是实现它们。

想想你自己的亲身经历：你有没有经常因为别人的跟进工作没做好而遇到问题，甚至大动肝火？比如你买了一件产品，但是功能根本达不到你的预期要求，你给客服部门打电话却被拦截到了“黑名单”里。你和一个人约定在某时间某地点见面，但对方没有出现，更糟糕的是，电话也打不通。

再想象以下场景：一个潜在客户给你打电话索要信息，你把材料发给他了，但是你却并没有电话追踪把对方的兴趣转化为购买。某人答应了给你发送信息，但一直没有发。你和你的孩子在一番讨论过后达成了一个新的家庭协议，但是后来你并没有履行这个协议，然后一切又变回了老样子。

跟进就是让计划变成现实。今天就开始迅速且持续地跟进。

看了这个观点，你会采取什么行动？

209. 建立顾客忠诚度：向上服务

在商业领域中有一个术语叫向上销售，是一种鼓励顾客买更多东西的方法。举个例子，在食品零售店里，服务员可能会问，“你想再配一点油炸类的食品吗？”通过这种追问方式，他们就能提高你买更多食品的可能性。这种做法也叫附加销售法。问题是，顾客有时会反感这种方式，很多销售人员也不会选择这种方式。

要我说，我们应该改变游戏规则了。不要再向上销售了，我们应该开始向上服务。不要只是改改嘴上的说辞，要从改变实际行动开始。向上销售可能能带来更大的销售额，向上服务则能带来更高的顾客满意度。

想更多办法去服务你的顾客。想出更好的解决方案，满足他们的需求。在你努力想办法提高顾客满意度的同时，你完成的交易量和销售额往往也会得到显著的提升。当你不再一心试图说服他们时，你就能想出更多实在的办法帮助他们。当你把注意力放在服务上时，你的销售业绩也一定会得到提升。

看了这个观点，你会采取什么行动？

210. 和顾客维持好关系：掌握关系恢复的技巧

一项研究显示，大多数顾客离开他们经常光顾的商家都不是因为不满意，而是因为他们感觉到自己被漠视了。这项研究的另一部分显示，如果一个顾客和你的公司有纠纷，但是得到了很快很好的解决，那么这个顾客反倒比那些从未投诉过的顾客更容易成为你公司的忠诚顾客，顾客忠诚度会更高。是不是有些意想不到？这是因为通过解决问题，我们向顾客展现出了我们的关心，体现出了我们对顾客的重视。

从顾客提出的投诉和问题中恢复过来有几个至关重要的步骤：

（1）倾听顾客的声音，不要打断他们，让他们觉得你理解他们的问题。

（2）对由此造成的不便向顾客道歉（即使有过错的不是你）。

（3）及时纠正错误，挽救局面。

（4）反复确认，确保让顾客觉得问题得到了解决。掌握这个关系恢复流程，你会收获更多忠实顾客。

看了这个观点，你会采取什么行动？

211. 管理你的资源

在需求急剧迫切的时期往往有大量可以使用的资源，只是我们找不到能够轻松获取资源的方式和渠道。在 2005 年卡特里娜飓风席卷新奥尔良后，成吨的补给和救灾物资运抵灾区，但是在援助通道打通之前，很多人仍然无法获得资源救助。问题不在于资源，而在于资源的分配。

这个问题也值得你我思考。该有的信息和支持通常情况下我们都有，只是在面对这些资源时，我们往往没有做好足够的准备和规划，或者我们忘记了我们已经具备这些资源。有多少次，你去超市采购一样东西，到家以后才发现，在橱柜或车库里，你已经有一件一模一样的了。时不时地，我们应该翻一翻我们的库存，盘点一下我们都有什么。翻一翻文件夹、橱柜和储物区，提醒一下自己你都有哪些东西。说不定，你已经拥有你觉得想要的东西了。同样，你也应该时不时提醒一下自己你都认识谁、他们都是做什么的。有时，我们苦苦寻找的办法、建议、答案和帮手就在我们已有的朋友和熟人圈里。

看了这个观点，你会采取什么行动？

212. 管理你的知识和信息

我们知道什么不重要——重要的是记得你需要什么。通常，我们在面临一个挑战时会忘记一些已经知道的知识，因此往往想不到解决问题的最佳方法。你有没有过事后诸葛亮的时刻？一件事过去很久以后你才想起了一个绝佳的处理方式，可能是在事后回家的路上？过去这些年，我参加过各种各样的辩论、生意谈判，打过无数销售电话，经历过很多这样灵感姗姗来迟的时刻。我从不缺少才华和正确的策略，只是有些灵感“生不逢时”。

有一个解决的办法，那就是预先设想。当你知道一个潜在的挑战可能要浮现时，提前在脑海中回顾你已有的知识。把需要的关键信息和知识从记忆库中抽取出来，然后放在你大脑的操作界面上。反复查看你做的备注，浏览相关文件，在脑海中构想场景，然后思考可能的解决办法。那些热量一上来就能火力全开的人，一定是那些已经在脑海中演练过无数次的人。

看了这个观点，你会采取什么行动?

我是如何激励我自己的

你只需要做10分钟，如果10分钟过后这个练习已经让你痛苦难当，那就不要继续做了。但是如果过了这个时间你觉得感觉还不错，那说明你刚刚完成热身，你的呼吸系统开始逐渐适应你的呼吸节奏了。你的脑啡肽开始立刻分泌，这个时候，你就对它上瘾了!

黛布拉·阿特金森

213. 为了持续成长管理你自己

一个有机体一旦停止成长，就意味着开始走向死亡。生命的本质就是成长和前进。我们都是有机体，只要我们在成长，我们就能持续地枝繁叶茂。

情感建议专栏作家安·兰德斯曾谈及一对结婚多年后情感发生破裂的夫妇。这位妻子是一名医护行业工作者，一直兢兢业业，不断地学习和提高自己；而她的丈夫在放弃学业过后陷入了枯燥无味的生活惯性和一成不变的旋涡当中不能自拔。要想恢复这段关系，这位丈夫需要重整旗鼓，重新打理生活，打破生活惯性，重新开始成长、学习和提高。

今天就做出承诺，永远不要停止成长。保持兴趣鲜活，走出生活惯性，与他人建立连接，即使你内心有抗拒。这个世界还有许多值得去学习和体验的事物。你越积极，你就越快乐——即使你内心在逃避。记得那些你心情不好时仍然坚持积极成长的美好时光。不要让惰性奴役了你的生活。主动承担责任，坚持成长。

看了这个观点，你会采取什么行动?

214. 管理自己，激励自己

你怎么样才能知道自己有没有自我激励能力?如果你能做好一件应该做的事，即使这件事你当时并不想做，那么，就说明你成功地激励了自己。真正发挥作用的关键词是“你当时并不想做”。大多数人在动机被正向激活的状态下，都能实现自我激励，但是那不叫控制自己——那只是随心而动、随性而为。真正能掌控自己生活、把握命运的人是那些穷尽一生学习如何以高效的方式驱动自己前进的人。

真正驱动你采取行动的是什么?你追求竞争吗?你非常渴望别人的认可吗?潜心技艺和为他人服务哪个更能燃起你的内心之火?花些时间想一想。今天开始思考属于你的生活模式。去寻找你的兴趣所在并坚持不懈。最优秀的学生不仅是能精通某门技艺的学生，而且还是能深刻了解自己的学生。了解你自己，你便能立于成长的高地。

看了这个观点，你会采取什么行动?

215. 生活在快时代

20 世纪的时间比我们今天的时间过得要漫长得多。今天，在即时通信和网络服务的影响下，我们之间彼此联系的频次、合作开放的程度和创造出的变革达到了历史空前的高度。正如我的朋友利兰·罗素所说，我们生活在一个“快时代”里，周围的一切都在以超出你控制能力的速度变化。我们过去常常用“赶上”这个词，但是今天我们永远也无法真正赶得上——我们在某些领域的知识总是不断被淘汰，在许多方面都跟不上时代的脚步。

为了更好地在快时代生存，我们需要集中更多精力，拓展我们自身的意识。我们要不断调整自身频率以适应我们的职业和所生存的时代，这样我们才能尽量避免错过重大的发展时机。此外，我们要拓展对未知领域的探索，我们接触的陌生领域越多，我们能看到的机会和选项也就越多，我们也能因此实现更多的可能。所以时刻保持机警的状态，不断延长你探索和认知的界限。世界正在以美妙和引人入胜的方式迅速发展。你今天可以学点什么？

看了这个观点，你会采取什么行动？

216. 战略性思考

当我们以战略性的眼光思考时，我们就能快速地进步。战略性思考就是带着对结果的预估进行思考。专注于你想要的结果，在脑海中构想理想的结果，然后做出各种有助于你完成目标的决定。战略性思考有三大要素：预估、目标设定和自我提高。

在你思考未来过程中，识别当下存在的各种影响因素，然后预估它们未来会对你产生何种影响，提前为这些影响做好计划。举个例子：如果你是在几年前的电话行业，如果当时你没有预料到手机会有今天的影响力，那么今天这个行业中就没有你的位置。如果你几年前传真机业务做得非常成功，但是这些年你没有顺应技术的进步而做出相应的改变，那么今天的你就会面临失业。

一旦你开始思考未来，就一定将你的目标勾勒成一幅清晰的画面，让你想要的一切一目了然，然后每天过目。我们会被我们专注的东西深深吸引，或者就像厄尔·南丁格尔所说：“你最终会成为你所想。”

接下来，问问你自己，为了得到你想要的未来，你都需要做出哪些努力，获得哪些提高。你对未来期待得越多，你越是能不断激励自己朝目标前进，不断提高自己实现目标的能力，你就越有可能实现你想要的未来。

看了这个观点，你会采取什么行动？

217. 未来的因素

当你能够预见未来的画面，你就能更好地让未来产生的影响辅助你而不是阻碍你。学会通过持续审视你的世界来对现状进行评估，然后探索未来存在的可能。为了达到这个目的，我会定期阅读《未来学家》杂志和丹尼尔·布鲁斯的技术潮流新闻短讯。我想知道很多领域未来可能发生的事，而不仅仅是我所在的行业。同时我还想去了解那些可能会对我产生影响的战略大事件。未来学家利兰·罗素在他的作品《领先快时代》中曾经提到，了解将来之事是你在众多选项中做出选择之前所需要采取的第一步。

要在你所在的行业和我们所在的社会中做一名虚心好学的学生，去阅读行业期刊、浏览专业网站、去开发你日常信息来源以外的知识。你了解得越多，你就越能实现更多的可能。去尝试拓宽你收集各类信息的渠道和来源。寻找不同的声音和观点。全方位参考借鉴不同立场的观点，然后再做出一个你认为最正确的决定。

你的未来由两部分因素组成，一部分因素是外在因素，它们掌握在别人手里，而另一部分因素是你对这些外在因素的反应，这部分因素则掌握在你自己手里。

看了这个观点，你会采取什么行动？

218. 未来的画面

如果你不知道自己前进的方向在哪里，那基本可以确定你会错失你的目标。华特·迪士尼第一次构想迪士尼乐园时，他正和他的朋友亚克·林克莱特在哥本哈根的蒂沃利公园里。他对亚克说："总有一天，我会为千千万万的家庭建造一个这样的属于他们的天地。"后来，华特·迪士尼不断地将他这幅"未来的画面"具体化，成百上千的追随者和他共同努力，打造出了现在这片地球上最快乐的地方。今天，全世界各地的人们都能体验到迪士尼的魅力魔法。

你未来的画面是什么样的？你未来想成为什么、想要什么、想经历什么、想做什么？这幅画面越清晰，你，还有那些和你一样志同道合的小伙伴，就越能从中获得激励，把梦想照进现实。花些时间把你想要的东西写下来，尽量写得清晰、详细，形成一篇人人都能看得懂的生动描述。

套用那句老话，"只要你能看见，你就能实现！"有志者，事竟成。不要等到残酷的现实降临，再去追逐你的目标。主动在你未来的画面中创造全新的现实，然后让这份现实呈现在每个人眼前。只要你脑海中有它的样子，你就一定能实现它。

看了这个观点，你会采取什么行动？

219. 未来的行为

如果你一直坚持做你以前做过的事，那么你也将一直无法突破你以前的成绩。改变你未来的是你的行为！我未来想做什么或者想成就什么？形成一幅清晰的画面，然后问问自己我能采取什么新的行动才能把它变为现实。为了得到我想要的未来，我该如何调整自己的行为，我该做些什么？威尔·罗杰斯曾经说过，你知道什么不重要——你如何通过利用已有的知识创造最大的价值才是最重要的。行为举止决定你是否能成功。

认真思考：那个完成你目标的人，他会有怎样的行为举止。具体一些：他会如何工作、学习、与人沟通、解决问题、保持身材、掌握个人生活和职业发展的平衡？尽你所能，让这幅画面尽可能地完整，然后按照它生活！开始不断改善提升你的行为举止，向你将要成为的那个人的生活模式靠拢，然后你就会开始不断获得你想要的一切。

看了这个观点，你会采取什么行动？

220. 思考，就像你已经成功了

如果你的梦想已经实现了，你的思考方式会不会发生转变？当然，一定会的。如果你有一份完美的婚姻，你会不会以一种不一样的思考方式对待你的家庭和生活？如果你做到了行业顶尖，你的思维方式会不会发生转变？如果你中了彩票大奖，你的观念和心态会不会发生变化？生活中，我们最大的挑战不在于改变所处的现状，而在于改变我们的思维方式。

有时，不健康的人在迅速减肥过后又会快速陷入原来的坏习惯中，这是因为他们的思维方式还没有从不健康的状态中转变过来。那些一夜暴富的人也往往好景不长，很快又会回归贫穷，因为他们原来的思维方式不足以让他们具备相应的理财能力。这个道理反过来看，也是成立的。你可以先转变你的思维方式，你的现状也就会自然而然地发生转变。如果你想变得苗条匀称，那么就像苗条的人一样思考。不要让食物主宰一天的生活，保证基本的饮食就可以了。不要害怕运动——去享受运动！不要预想自己会有多疲惫——想象自己有使不完的能量。你的态度会决定你的现状。

看了这个观点，你会采取什么行动?

221. 行动，就像你永远不会失败

如果你知道你永远不会失败，你会怎样做你要做的事？你会做何尝试？你会追逐什么目标？通常，恐惧和怀疑会阻碍我们追求梦想。我们觉得我们肯定做不到，所以我们连尝试都不肯尝试。

让我们扭转这种情况。现在开始假设，假设你能做到几乎所有你想做的事情：也许真的不是不可能。追求你想要的生活，就像你永远不会失败。这不是“不切实际”——这只是一种乐观的情绪，等待我们用实际行动来使它一直延续。毕竟，只有对于一蹶不振的失败者来说，失败才是永久的。而对于成功的人来说，失败只是一个暂时状态，他们会迅速回到正确的轨道，继续追求他们的目标。请果敢地行动，就像你永远不会失败。你会把自己吓一跳，原来你能完成这么多以前无法完成的事情。人世间你最想要什么，就是现在，你最想要什么？如果你知道你最终一定会成功，你现在会用何种方式去追求它？现在就去做吧。

看了这个观点，你会采取什么行动?

222. 失败是一种经历，不是一种状态

生活中有两种不幸的人，一种人是破产，另一种人是没有钱。区别主要体现在“破产”这个词上。当我们说某件事或物“破产”了，就意味着它不能像正常预期那样进展了。如今，在破产发生以后，大部分人会去主动修复它，但是还有一部分怀失败心态的人，他们会选择屈服于现状，就一直“破产”下去。这就是我们常说的破产思维。我们中很多人在生活中并没有多少钱，但是我

们仍然不能算作贫穷。贫穷是一种绝望、无助的状态，是一种一心想要放弃、拒绝继续尝试的心理。

但是在贫穷的状态下，仍然不缺少心有不甘、不安现状的执着者。他们会寻找新的方法去工作、新的知识去学习、新的办法去解决问题。这些人尽管起点卑微，但最终取得了成功。通常，这不是因为他们天赋异禀或者恰巧逃过一劫，而是因为他们拒绝选择贫穷，并想尽一切办法克服贫穷的状态。正如你所见，失败只是出现的一个临时状况。

如果你输了一场比赛，那么记得你没有输掉所有比赛——你只是输掉了这一场。如果你破产了，记得你还没有丧失赚钱和东山再起的能力。你只是刚刚经历了一场意外的财务状况。把你遇到的挫折看作起点，永远不要把局限当作跨不过去的坎。你能做到你想做的任何事。

看了这个观点，你会采取什么行动？

223. 2004 年 10 月《国家地理杂志》上的一篇文章

2004 年 10 月，年轻学者乔尔·伯恩曾在《国家地理杂志》上发表了一篇名为《和海水一起消失》的文章。在这篇文章中，他惊人地描述出了那场发生在新奥尔良沿岸卡特里娜飓风和洪水的几乎全部细节。他甚至准确地描述出了灾难发生过后可能产生的恐慌和混乱。而这一切写自这场灾难发生的前一年。

不，他不是什么有特异功能的人，他只是一名杂志记者和学者。但是他的的确确说中了新奥尔良的软肋和要害，而且精准预测出了一场大飓风可能带来的严重后果。我要表达的重点是，人们知道这场灾难迟早会发生。他们甚至很久以前在还没用卡特里娜命名热带低气压时，就知道这会发生。他们之所以没有采取行动加强防范，是因为很少有人相信这场灾难会发生——但是乔尔·伯恩相信。

类似的提醒和警告在我们每个人的生活中随处可见。有时是某种持续性的疼痛，警示我们健康存在风险，有时是反复发生的争吵，提醒我们人际关系需要注意。可能我们的业务出现了某种问题，又或者财务赤字居高不下。但是，警告一定是存在的。不要等到卡特里娜飓风光临你的生活才想起来做准备，任何一部分生活遭受灾难，我们都不能坐以待毙。将墨西哥湾的这场教训视作前车之鉴，带着信心开始为生活中可能出现的一切挑战做好准备。

看了这个观点，你会采取什么行动？

224. 重生始于心

墨西哥湾，准确地说是新奥尔良，在世纪之初遭受了这场飓风摧残以后，经历了一段时间复苏与重生。重生的关键不止于有形重建，因为真正的重生是始于内心的。如果人们继续按照过去的思维方式思考，那么他们的重生只不过是对过去的重现。重生需要全新的思维和观念。

举个例子，贫困，就饱含态度和情境因素。缺钱这个境况可以通过钱来轻松解决。但是贫穷的态度却包含着多得多的含义。贫穷的心态是一种无助的表现。拥有这种心态的人往往认为自己缺少自我提高的能力。悲剧就在于，他们不是没有能力，他们只是认为他们无能，而这就足以使他们深陷泥潭。

那么我们该如何帮助他们走出困境呢？给他们希望，向他们展示他人成功的案例，告诉他们有关自我提升的故事，给他们和积极乐观的人讨论的机会，烘托周围积极的氛围，帮助他们超越悲观与消极。

最暗无天日的情况下也会有孕育重生的土壤，而且重生往往在此刻发生。但首先要确保有改变的决心。让我们用实际行动证明，每个人都能做到！

看了这个观点，你会采取什么行动？

225. 意义和目的不在于你有什么或你在哪儿

要是我有一个自己的家就好了；要是我有一个更好的工作就好了；要是我身边没有这么多失败者就好了；要是我身体健康一点就好了。要是，要是，要是……停，打断这种思维！生活的意义不在于某个东西，而在于我们的行动。不要再自怨自艾，开始用自己的方式尽可能地帮助他人，然后再瞧一瞧有什么变化！你会体会到一种前所未有的满足感和成就感。最快的获得良好自我感觉的方式就是去做对他人有帮助的事情。

具体做什么？做一切有益的事情。捡起别人忘记丢掉的垃圾。帮助一个陌生人。去做志愿者服务工作，去学校、男孩女孩俱乐部或者志愿者服务中心。如果你不愿意折腾，那可以做做办公室的工作或者打电话的工作。如果你受教育水平不高，那你可以去做做摆货架或者迎宾的工作。跳出你自身有限的环境，去满足社会大需求。做这些事你可能不会赚什么钱，但是不做这些事，你一样不会有收入。今天结束前，找两件你能做到的能给他人带来帮助的事——只两件事就好。

> **我是如何激励我自己的**
>
> 我也会用这种自我激励的方法，不过我每次会花5分钟，哈哈。每一次都奏效！
>
> 艾米·麦基尔韦恩

看了这个观点，你会采取什么行动？

226. 某些事物和地方也有价值

当我回到阿肯色州的老家时，我会产生一种在其他地方都无法复制的感觉。关于“家”，有一层特别的含义，它能引起一个人灵魂深处的共鸣。你会记得家里院前的那棵老树、邻居那天新装修的门廊、秋日第一丝气息、老街最后的模样，还有你溜进球场时那欢乐的时光。所有这些回忆都悄无声息地向我们阵阵袭来。家真的很重要。

不过那首歌唱得好，“你在的地方就是家”。每天我们都在制造新的回忆，建立新的联系、结交新的朋友。经过时间的积淀，我们待过的每一个地方都会成为我们的家。我们对我们的家心怀眷恋，这很好也很正常，不过偶尔，我们也应该学会释放，让新家得以安放。是的，我们每个人都是筑巢者，但同时，我们也都是探索者。所以，请尊重我们内心这两种天性，永远不要放弃成长。

看了这个观点，你会采取什么行动？

227. 有用和自尊

我从小就记得一首很蠢的歌谣：“没人疼我，没人爱我，每个人都讨厌我。我只能躲在一旁孤单地吃虫子。”听起来真蠢，是的，但是很多人就是带着这种态度度过一生的。他们看到的都是生活展现给他们最坏的一面，因为他们觉得自己不配拥有更好的。

平心而论，我觉得每个人都值得生活能给予的最佳馈赠。有一个好办法能帮助他们提高对生活期望，那就是让他们觉得他们是“有用”的。当你做了一件有意义的事，你就会有一种被需要的感觉。而这种被需要的感觉越强烈，你就越觉得自己值得变得更好、值得拥有更好的。所以，想要提高自尊，先去做有价值的事。

我曾经咨询过一位精神病学家如何帮助一名身患严重抑郁症的朋友。他的回答是：“行动，做点什么都可以。通过做事情，你的朋友会觉得自己更有用，从而能看到更多希望。”所以，当你或者你认识的任何人遭遇抑郁时，先从采取行动开始，去做点什么。越大胆越好，但是不要拖延，即刻开始，去做点有用的事。

看了这个观点，你会采取什么行动？

228. 旅游策略：减少不确定因素

过去的40多年，我一直不断地旅行。我乘坐飞机、驾车、骑行，几乎游遍了大半个世界，在这个过程中我总结了一些我们每个人都可以借鉴的旅游策略。

第一，减少不确定因素。如果你要经停两地才能到达目的地，那么请确保尽早抵达第一处的机场。如果你的航班是上午10点，那么你要早早起床赶往机场，这么做准没错。尽可能早一点通过安检，然后喝杯咖啡休息一下或者找个离登记口近的位置坐下来看看手机。这样，如果航班发生任何变动，你就能第一时间知道并能及时改订其他路线。

第二，轻装上阵。准备一件外套两种搭配就行了，再打包一双正装鞋，脚上穿一双便于在路上穿的休闲鞋。尽量避免反复翻弄行李。

第三，享受旅途。观观风景、逛逛机场、看看周围的人、品品美味的食物、和其他的旅客搭搭讪（尤其是和你邻座的旅客），但是如果对方不想谈话，就不要打扰人家，有些人在旅途中更倾向于自我封闭。总之找到你的旅行风格，尽情享受。

看了这个观点，你会采取什么行动？

229. 如果你满意，就不要吝惜赞扬

有一天晚上大家一起出去聚餐，饭后买单后，我的朋友乔还刻意停下来

和餐厅的经理聊了一会儿。我问乔他说了什么，他说他告诉经理他对这次为我们服务的女服务员非常满意。他说："我告诉了经理她具体在哪些方面做得好，这样他就能回去鼓励这位女服务员，并让其他服务员向她学习。她能记住我们每个人的名字，每次都能以名字称呼我们。她无意中听到了我们其中的一个人今天过生日，于是特意为我们上了一份杯子蛋糕。她很用心！"

如果你对一个人为你做的事感到满意，那么请告诉他们你很满意。优质的服务如果得不到认可，往往过一段时间就会热情不再，偃旗息鼓；而一旦优质的服务得到了肯定和赞扬，这种服务就会得以延续。所以，告诉别人你喜欢什么，你的感觉如何。通常，我们是赞扬不出门，抱怨传千里。所以无论走到哪里，都请不要吝惜你的赞扬，大声说出来。会有越来越多的人期待你来到他们身边。

看了这个观点，你会采取什么行动?

230. 告诉自己真相

你有没有被别人指责过"自己欺骗自己"？我们中大多数人，有时都会不自觉地蒙蔽自己。为了逃避一个我们不知道如何解决的问题，我们会假装问题不存在。与此同时，我们在内心另外一面很清楚，"总有一天"它们会找上门。就像计划理财——你觉得你的能力还不足以理财，你害怕你的钱还不够理财，在这种情况下，你干脆放弃了实施任何理财计划。后来，果不其然，你财务方面状况百出，而此时再想采取什么挽救错失都为时已晚。

但是，你可以在问题成为无法改变的事实之前，采取计划。如果你破产了，你可以开始做财富计划。如果你身材开始走形了，你可以开始制订瘦身计划。如果你发现自己一无所知，那么你可以开始计划读书了。今天开始，诚实地面对自己，告诉自己更多真相。从某个方面入手，比如财务状况，看看自己处在什么样的位置，然后开始计划如何让处境变得更好。寻找资源和人脉，请教那些知道该如何做的人。不断学到，你也将不断得到。

看了这个观点，你会采取什么行动？

231. 希望只在于你

当一切都看起来似乎毫无希望时，记得，没有希望的是你，而不是你所处的环境。不要轻易说“这件事没希望了”，如果要说，也要说“我没希望了……暂时”。更好的办法总会有的，一定会有的。永远不要放弃希望。但同时也千万不要把希望与愿望混为一谈。希望能带来一种积极的展望和行动，而愿望只是一种被动的情绪。

当你感到绝望时，有一个能助我们重获希望的基本方法，就是情景分析。评估一下你的具体处境。将所有情况和方面考虑在内。不要陷入悲观与抑郁，保持活跃的思维状态，审视你的位置和现状。在这个过程中，你会发现一些你之前从未想过的细微机会和选择。通过探索，你能打开一片全新的视野，种种办法触手可及。所以要坚持信念——只要你在变好，一切都会变好。接受你不能改变的，控制能控制的，然后在需要帮助时伸手求助。会有人同样伸出援助之手。

看了这个观点，你会采取什么行动？

232. 富人为什么不多捐些钱出来？

很多人相信侠盗罗宾汉做的是对的：劫富济贫。这个简单的逻辑我同意。但是大部分时间，富人已经在主动帮助穷人了，至少在美国是这样的。我们所在的社会比它历史上任何时期都要慷慨和包容。我们在以一种前所未有的规模捐赠和付出。穷人富人都在付出。我们还通过设立税法，鼓励更多的人捐赠出自己的财富。当我们发现一个有利于大众的事业或项目时，我们会出台相应的税收激励政策对其加以扶持。

很多人谴责贫富差距的存在，就好像绝对平等是一件有百利无一害的事。但其实，那些最成功的人赚多少钱无所谓——因为穷人的收入并不会因此而减少。这并不是一场零和游戏。无论是谁，他赚得越多，花得就越多，这反倒会给那些钱少的人创造更多的赚钱机会。我们很容易看着那些贵族或天文数字般的财富心有不忿："他们这么有钱，应该多捐出些钱来。"

也许是应该，但是向富人征税往往不一定能让穷人的钱更多——只是让富人的钱更少而已。你同意这么做吗？我不同意——我想让富人存在！当人们富有时，他们会为其他人创造更多工作机会，因为他们有钱了就会买东西，就会雇用别人为他们做他们做不到的事情。这意味着工作岗位多了，商店更加忙碌了，每个家庭都有饭吃了，我们的经济也运转了。让我们鼓励更多富人出现，然后努力成为他们中的一员。

看了这个观点，你会采取什么行动？

233. 花心思在你的意图上而非内容上

如果你在做一个演讲，听众最关心的是你演讲的内容还是演讲的意图？内容包含你说的话和细节，你给出的例子和证据。而意图是指你的目的，你所说的话背后的"为什么"。我发现，当你的意图是讨好别人时，对方往往不会领情，不会对你产生深刻的印象。但是如果你的意图是帮助他们，那么他们就会仰慕你、钦佩你。

下次你要当众演讲或做销售演示时，在你的意图上花心思。首先树立一个服务的姿态，然后选择睿智或深刻的方式表达自己的想法。历史上最为人们赞赏和津津乐道的演讲之一是前英国首相温斯顿·丘吉尔在一次开学典礼上发表的一篇极其简短的演说。他把毕业生们召集到操场上，然后对他们说："永远不要放弃。永远、永远、永远都不要放弃。"说罢，他就坐下了。内容极短，但是意图却极其深远，给人内心以强烈的震撼。时至今日，人们都记得这句话。

看了这个观点，你会采取什么行动？

234. 亚里士多德看待信任与口才

引用亚里士多德的话说，雄辩的口才远不及获取一个人的信任能够打动一个人。精准恰当的用词、激情澎湃的演讲、雄厚有力的声音都能让你魅力十足，但是……如果别人不信任你，他们是不会按照你的理念行动的。信任是促发行动的首要因素。我们都会选择追随我们信任的人。我们信任那些以我们的利益为己任的人。

所以，如果你想让别人追随你，确保你在把他们朝他们想去的地方引领。在你提出的想法中寻找与他们利益的切合点。发展追随者靠的就是这种办法。即使是单纯地向他人寻求资金支持也可以充满号召力和感染力，你可以向他们描述他们投资后会获得何种程度的成就感和满足感等。慈善机构经常引用下面这句话：生存要看你赚进什么，生活要看你付出什么。口才好重要吗？当然，但是更重要的是，如果这件事出自你信任的人之口，这就是你奋不顾身付出的理由。

看了这个观点，你会采取什么行动？

235. 终身学习激励自己

我做激励演说家40多年了，常常有很多人跑来问我："激励师找谁激励？"答案是："激励师自己。"我认识的所有积极性高、目标感强的人，无一例外，都是能实现自我激励的典范。他们不会等待别人发出指令或建议，他们会究其一生不断学习和保持自我驱动和激励能力。

自我激励是商业世界里提倡的一种宝贵能力。每个老板都在寻找工作效率高而且省心的员工。我说的省心是指不需要别人不断地提醒和催促，不需要外界的刺激、鼓励或逼迫就能主动完成工作。激励你的是什么？换句话说，你的动机是什么？你想要什么？为什么？你会如何驱动自己主动去追求它？当你心情低沉时，你会怎么让自己重新充满动力？学会经营你自己，这个世界是属于你的。

> **我是如何激励我自己的**
>
> 贿赂。在我完成了一件我拖了好久都没做的事以后，我毫无任何愧疚感地奖励了自己一杯巧克力奶昔。
>
> 布莱恩·沃特

看了这个观点，你会采取什么行动？

236. 感谢别人在你身上留下的印记

我见过一些巨富的人，亿万富翁，他们有大多数人想不到的、数不清的财产。毫无例外，他们在人生的某个阶段也经历过很贫穷的时光。但是贫困的烙印却成为他们日后激励自己、走向成功的关键。我还认识一些人，他们得不到别人的重视，一直被人当小孩子一样批评，但是这丝毫不影响他们后来成为卓越的领袖和优秀的公民。为什么？因为他们经历的痛苦时光赐予了他们一种独一无二的激励，让他们再经历同样的时刻时毫无惧色，无往不利。

往往，能给我们以激励的是那些我们缺少或恐惧的东西，而不仅仅是我们想要的东西，所以不要再为你之前经历过的痛苦或折磨烦恼不安，接受这些经历留下的印记，让它们成为你人生的一部分。在这些印记中找寻激励，让它们抚平你的伤痛，带你抵达成功的彼岸。努力打造一个全新的自己，笑看曾经经历的一切，不再走以前走过的老路。努力成为一个有内涵、无私、体贴的人，为了这个世界更加美好奉献出自己的一份力量。我们会因此更加喜欢你，你也会更喜欢你自己。

看了这个观点，你会采取什么行动?

237. 你遇见的人和你读过的书

卡尔·萨根在评价书籍的特殊力量时曾说过，书让我们有机会进入别人的精神世界，在世的或离世的、远在天边的或近在咫尺的。拥有传奇经历，同时也是《生命是一个奇迹》一书的作者查理·琼斯曾经说过，从现在起5年后，你和今天的你别无两样，除了两件事：你遇见的人和你读过的书。

我们的成长是一个互动的过程。在书中，我们可以通过阅读伟人的故事和他们形成互动，学习他们在岁月和生活中积淀下来的智慧。通过养成每天读点什么的习惯，我们能丰富自己的生活、启迪自己的心智，不断发现解决问题的新角度和新方法。让读书成为你生活中的一件大事。可以从你最喜欢的书开始读。养成习惯，每天抽出一段固定的时间阅读，然后不断寻找新的话题。经常去书店逛一逛，在书架上寻找你的所爱。你会发现有太多你想读的书，自己的时间都不够用——所以你可以先挑一两本开始。再去图书馆看看有没有好书。多在里面泡一泡，尽情在书海遨游，探索那些前人为你留下的美妙知识和文字。

看了这个观点，你会采取什么行动？

238. 不肯学习使用电子邮件造成的损失

奶奶从来不肯尝试学习如何使用电子邮件，所以她没法看到每周全家人分享的电子照片。比尔不肯学习使用手机里面的通信录，所以他每次除了手机以外还要单独携带一本手写电话簿。布兰迪有一台新烤炉，实际上能为她自动加工出一道美食，但是她只用她在原来旧烤炉上会使用的老功能，新烤炉的功能完全没有得到发挥。简还在使用纸质的账簿，因为她一想到要学习如何使用在线银行就忐忑不安。杰克给家里安装了一套全新的安保系统，但是他从来不肯阅读使用说明书，安保设施因此得不到正确使用，所以每次他离开的时候，家里如门户洞开一般。威利也是这个问题，他在家里有一台DVD 播放器，但是他还坚持使用录像带设备，他觉得这样就省去了学习使用新设备的麻烦。

拒绝学习使用新技术会给我们造成多大损失？远远超出我们大多数人的意料。你曾拒绝过学习什么？你觉得你需要花多少时间阻止这些不可估量的损失形成？想想你在拒绝学习的过程中只能收获多少多么短暂的快乐，然后再估计一下学习最基本的操作和知识最多才会花你多少时间？经历暂时的不适就能长久地掌握一项新技能，这难道不值得吗？你只要经历一次学习，然后你就能每天使用它，享受它给你带来的便利。

看了这个观点，你会采取什么行动？

239. 掌控生活的一方面，其他方面也会得到带动

一个朋友曾一边拍着我的大肚子一边问："这怎么回事啊？"我说："这

是我最近工作状态的写照，说明我手里有很多项目在做，而且很多还没有完成。”在他问这个问题之前，我一直没有想过为什么我的饮食自律习惯最近开始荒废了。怎么会这样呢？当我们在某一个领域痛苦挣扎，我们在其他各个方面的需求都会遭到忽视。所以尽你所能掌握好生活各方面的平衡，一切都是相互联系的。

在你的生意举步维艰时，一定要保持规律的饮食，经常锻炼身体。在你身材开始走形时，要注意管理好你的财务状况了。如果你人际关系出现问题，多读点励志书籍，听一些振奋人心的演讲。换句话说，你生活的各部分都是紧密联系在一起的，所以尽你所能照顾好所有方面，即使其中某一方面状况百出。当你某一方面的生活质量得到提高时，其他方面通常也会得到带动，一切都会柳暗花明。自律和激励往往能在生活各方面之间相互传递和影响。

当然，你应该以最快最佳的方式先解决主要的当务之急。但是，你也要振作精神，谨记任何形式的自我提高都能产生溢出效应。做好你手头的事情，你周围的一切便都会时来运转。

看了这个观点，你会采取什么行动？

240. 艾尔西的康复因素

很多年前我岳母做心脏手术时，我记得我当时很想知道哪些因素对她的康复会产生决定性影响：医生的悉心照料、她的体质和基因、家人的爱与支持，还是她对康复的个人态度？你认为哪个因素最重要？

我觉得每一个都至关重要。她对康复积极乐观的态度对她的身体健康帮助尤其大。医生把这叫作“生存的意志”，在她身上就是“康复的意志”。当然其他因素也都很重要。

我们每个人都是由数个彼此连接的系统组成的系统。我们的思维方式、身体、基因、人际关系、营养和身边的支持网络——每个因素都是这个综合系统的一部分。当我们尊重并感激这些联系和相关性时，我们就更可能以一种和谐的方式延续我们的健康和幸福。

看了这个观点，你会采取什么行动?

241. 灾难中你会选择留下什么?

龙卷风已经出现在我车道的可视范围以内了，或者至少看起来它已经在无限逼近我了。所以我当机立断，决定放弃所有房间里的相册和照片，快速躲回地下室和我爱的人会合。那是我生命中决定性的时刻。从那以后我再也没有对我的所有物和财产产生过这种强烈的依附感，我最关心在意的是我爱的人。我所有的东西都可以再换——甚至是那些不可替换的东西，没有它们也没关系。

但是在最近的一次阿尔卑斯山脉摩托车之旅中，我又一次被戳到了痛点。那几天我一直在拍照，捕捉了很多美妙的瞬间和优美的景色。不幸的是后来我们不小心摔坏了相机，所有照片都没有了。当时我就崩溃了！我花了半个小时缓解情绪，才慢慢恢复了平静。失望的情绪渐渐平复之后，我突然意识到我在这里得到的最宝贵的东西不是这些照片，而是在这里留下的美好回忆。所以在接下来的旅途中，我们用心地享受每一分钟。最后临走时，我们买了一本制作精美的影集带回了家。

灾难发生时，你会选择留下什么?

看了这个观点，你会采取什么行动?

242. 量化衡量有利于提高表现

管理学大师彼得·杜拉克几年前曾提出过一个理论“那些被量化衡量的东西往往更容易得到改进”。这个理论也可以用霍桑效应来诠释，这是一个基于行为改变的实验，通过将工厂每天的工作量贴出来对比前后工作效率的变化。这个理论几乎适用于所有事情。

如果你用量化的方式衡量你每天的食物摄入量，那么你的饮食习惯会更趋于合理。如果你用量化的方式衡量每天的运动量，那么你的运动量会得到提高。如果你花每一分钱都经过衡量，那么你的消费习惯会更理性。你甚至不一定必须要有一个计划或目标，仅仅通过量化衡量的方式你就能不断督促自己谨慎理智地行事。你会在顶级运动员身上发现一个共同的特点，那就是“赢家一直在统计比分”。他们永远知道自己的数据，他们总能准确地告诉你比赛的各项数据和得分。

我是如何激励我自己的

我常问自己一个问题，“我今天还欠自己什么？还有什么没有完成？”

戴夫·詹森

所以，你想提高哪些方面的表现？现在开始衡量各方面的数据。做一个日志或者图表，记录每天的波动。换言之，就是统计比分。

看了这个观点，你会采取什么行动？

243. 勇气

什么样算得上勇敢？我觉得就是直面你的恐惧，无论如何都要采取行动。有勇气不等于没有恐惧，而是尽管心怀恐惧，仍然采取行动。如果没有恐惧，勇气还有什么存在的必要？在你觉得即将面临审判时能主动公开地承认自己的缺陷，这就是勇敢。你主动站出来为真相和正义发声，尤其是在别人选择沉默的时候，这就是勇敢。你在一群道貌岸然的伪君子中间选择表达自己真实的想法，这就是勇敢。你奋不顾身站出来支持、维护弱者，这就是勇敢。你按照自己的原则和价值观感性生活，即便与他人相悖，这就是勇敢。日常生活也处处需要勇气。去做那些应该做的事需要勇气，尤其是当这些事不被看好时。

勇敢的人不是那些无所畏惧的人，而是那些顶着对经受尴尬和痛苦的恐惧却仍然坚持做正确的事的人。这股勇气从何而来？从我们的内心而来，因为我们内心知道，只要坚持做正确的事，迟早会看到想要的成果——因为我们内心知道，只要我们坚守对正确和正义的信念，我们就能实现对自己最大的尊重。

看了这个观点，你会采取什么行动？

244. 杰森说："爷爷，我好开心！"

太阳快下山了，顺着映在山头的余晖望去，你能追踪到太阳隐去的轨迹。我的孙子杰森在后院不住地眺望，我告诉他要不了多久星星就出来了。不一会儿，第一颗星星开始隐隐约约在天边出现了。杰森当时四岁。"爷爷，我得回去穿睡衣了。"他说道。于是我一边打开门让他进了房间，一边跟他说："一会儿记得回来哦，我要给你看点非常特别的东西。"

杰森回来时，已经准备睡觉了，于是我抱起他，来到门外，走进了夜色。他抬头一看，满天繁星点点，美丽极了。那是一个天朗气清的夜晚，天空显得格外清澈。他边看边喊："哇，快看，爷爷，到处都是星星！"然后，他停顿了一下，望着我说："爷爷，我好开心！"

我的心也跟着在这场景中融化了。哇，真是一个难忘的时刻。我和他说："杰森，我也同样很开心！"即使今天，每当想起这幅画面，我都会"很开心"。

珍惜和你爱的人共同度过的每一刻，带他们一起去发现这个世界的壮丽与奇迹。你会很开心你这样做了。

看了这个观点，你会采取什么行动？

245. 读一本书：三分之一宝贵，三分之二无味

在最近一次游轮旅行的途中，我读了一本书。这本书精彩的部分只有三分之一，剩下的部分写得并不是很好，而且大部分内容枯燥无味。不过无论如何，我还是从中获益匪浅。我在书中读到了很多新颖的想法，可以说不枉读这一回。即便是枯燥的那部分，也有可取之处。

几乎所有资源都有值得我们学习的地方。所以下次你拿起一本书时，不要指望整本书都是干货——去寻找对你有参考价值的那部分，然后虚心采纳就可以了。有些书会改变你的生活，有些书能触及你的内心，有些书会让你昏昏入睡，有些书则能拓展你的视野和心智。人们都说，一个不阅读的人和一个不识字的人半斤八两。今天就拾起一本好书，哪怕是不那么"好"的书，花些时间认真阅读，寻找它给你带来的价值。

看了这个观点，你会采取什么行动？

246. 当前任务哪个最紧急？（当务之急）

我很喜欢我朋友乔·威拉德提的那个简短的问题："当前任务哪个最紧急？"他用"当务之急"这个简短的四字词来时刻提醒自己。当：当前；务：任务；急：紧急。任何情况下，最重要的都不是现状如何，因为它已经成为

过去式了。重要的是："当前任务哪个最紧急？"

现在假设你遭遇了一场交通事故，独自一人坐在路边，伤口正在流血。你可能因为伤口疼痛呻吟不止，又或者望着事故残骸忧心忡忡，但是当务之急是尽快止血。如果你不及时止血，后面做什么都来不及了。这是我几年前在军队做医护兵时学到的。急救的第一步就是止血。然后清理呼吸道阻塞物，确保伤者能保持正常呼吸。只有在完成这些步骤以后，你才能进一步采取措施处理伤口，治疗休克。

在日常工作和生活中，这个问题对我们同样至关重要。无论发生什么，都要习惯问自己："当务之急是什么？"当你到餐厅发现自己的预订没有生效时，当务之急是什么：是就着这个问题和对方争吵，还是抓紧时间想办法找个其他可以吃晚餐的地方？如果我们多问一问自己当务之急是什么，我们可能就能少一些时间埋怨，多一些时间处理和解决问题。

看了这个观点，你会采取什么行动？

247. "年度最佳人物"现在会在做什么呢？

这是从我的朋友也是我的导师乔·威拉德身上学到的一点小智慧。作为一名年轻的销售精英，他渴望成为"年度最佳销售人物"。所以他每天问自己："那个年度最佳销售人物现在会在做什么呢？"这个问题激励着他每天更高效地利用自己的时间，持续地以一种高瞻远瞩的眼光审视现状，集中精力朝着目标不断前进。不出所料，他很快成为当年的最佳销售人物，而且一连几年保持着这个成绩。

你的目标是什么？把你自己想象成那个已经实现了这个目标的人，然后问问自己，"这个人现在会在做什么？"当你遇到挫折，问问自己，年度最佳会怎么做。当你已经实现了期望目标，不要沉浸在喜悦中——迈向下一个阶段的目标。每个人，无论多成功，都有过好的和不好的经历。而成功的人和不成功的人之间的区别就在于他们面对这些经历时的反应。无论你遭遇了什么，问问你自己："那个年度最佳人物此刻会在做什么？"

看了这个观点，你会采取什么行动？

248. 如何知道该给别人送什么？

如何知道该给别人送什么礼物？如何确保对方喜欢你送的礼物？如果问我，我会告诉你，"直接问他们！"不，我的意思不是说一上来就要提前展现我们的慷慨和好意。我只是想告诉你，知道一个人想要什么的最佳信息获取源头就是这个收礼人自己。

你可以学会创造性地去观察他们。观察他们喜欢什么、不喜欢什么。观察他们业余时间都做些什么。倾听他们谈话，看他们一谈到什么就来热情了。看他们一有闲钱了先买什么、先干什么。留意他们讲的故事、发表的评论。他们会无意中向你流露他们喜欢和在意的是什么。然后，给他们买礼物、送礼物的时候，挑选他们最倾心的。送礼时遇到的最多的问题就是送礼者擅自做决定，丝毫不从收礼者的角度考虑。当我们送礼时，我们不应该只选择我们喜欢的礼物，而应该选择对方喜欢的礼物。

看了这个观点，你会采取什么行动？

249. 如何表达同情？

几年前我父亲去世时，很多朋友前来表达了他们对此的同情。几个月后，当我回顾这段经历时，我发现当时他们表达同情的方式总共分为几类：有一些人不知道该说些什么，所以就只说："我感到很遗憾"；有些人到场以后则选择深情地和我打个招呼，但是什么都不讲；有些人和我讲他们和我父亲过去的故事，表达父亲对他们有多么重要；有些人寄来了附有亲笔签名的慰问卡片；有些人还在寄来的书信上讲述了他们之间的难忘回忆；有些人带着食物，有些人带着代表全家人的慰问信前来慰问；还有些人默默地站在一旁，偶尔拍拍我的肩膀说：“你要节哀顺变”。

通过这件事我了解到，言语可能不是表达情感的唯一方式，大家对我们父子的感情和实际行动胜过千言万语。对于我们每个人，这都不是一件容易接受的事。从今天起，我决定：

（1）经常做一些体贴他人的事，让别人感受到我对他们的关心。

（2）具体的做法——提及一段往事或表达一种情感，让他们知道即使我不知道如何表达，我也是真诚地关心他们的。

（3）重要的不是我们表达了什么。而是陪伴在他们身边和他们一起度过这个属于他们的时刻。

看了这个观点，你会采取什么行动?

250. 接受每一个文化宗教节日

斋月快乐、农历新年快乐、圣诞节快乐、光明节快乐……所有这些都是表达节日祝福的良好祝愿。但我们往往会因为表达这些祝词而遭到批评，因为它们有时不是“政治正确”的。要我说，“不要理会！”大声喊出你的祝福，我们只不过是在传递我们的美好愿望。就像你会因为某人说了一句生日快乐，就向在场所有不是今天过生日的人道歉吗？当然不会！我们不要神经兮兮了。

12 月 25 日向每个人说一声“圣诞快乐”只不过是在传递祝福与喜悦。这和散布宗教信仰无关，也没有任何扣帽子的意思。说“新年快乐”也是一样的性质。如果你是一个中国人，那我们说的新年快乐还不是指你们的新年快乐呢，接受对方的好意然后表达感谢就可以了。对于我们基督教徒也是一样。让我们尊重所有宗教信仰，不要再为别人相信什么或不信什么而操心。如果每个人都战战兢兢，只接受完全正确的事情，那大家最终的结果只能是一事无成。

我的观点是，让各种各样美好的祝福与愿望竞相传递。所以我今天在这里祝福你，土拨鼠节快乐。我家那边不流行庆祝土拨鼠日，但是也许你们会过这个节。

看了这个观点，你会采取什么行动？

251. 你能活多久？寿命：你和平均数据对比（RealAge）

你能活多久？根据统计学家的统计，一个正常美国人的平均寿命已经逼近 80 岁。哇噢！一个世纪以前，我们的人均寿命还在 45 岁以下。显然，这让 65 岁退休制成为问题，不是吗？

你我能活多长时间受很多变量的影响，但是这些变量中有很大一部分是掌握在我们手中的。我们都知道符合以下条件的人往往更加健康长寿：有良好的人际关系、健康的饮食习惯、富有规律且充满活力的身体锻炼、合理的减压方式、生活的目标感和使命感。所以，你估计你能活多久？如果以上条件你一项都不符合，那你可能不会太长寿。但是如果你下定决心，决定充实长寿地度过一生，那么办法是显而易见且切实可行的。

在 RealAge.com 这个网站上，你能找到一个十分有趣的练习。它能通过对你的基因历史、医疗病史和生活习惯进行调查，测出你在这三大背景下的实际年龄。你不妨试试，也许它能改变你的观念和看待自己的角度。借用史巴克在《星际迷航》中说的那句话，“愿你多福多寿”。

看了这个观点，你会采取什么行动？

252. 老龄化浪潮：重塑新一代老年人的世界

我们成长的那个年代，65 岁就算老龄了。而今天，我们经常看到 75 岁的人还在滑雪、冲浪、做力量训练。如今的老和我们以前认为的不一样了。我们生活的世界正在被重塑，跑车、健身俱乐部甚至电影院不再只是年轻人的专利，我们在其中看到了越来越多老年人的身影，他们身体健壮、精神矍铄，他们是新一代的老年人。与此同时，在社会新闻热点关注人群中，老年人群体的比例在不断增高，这个世界的发展又一次为曾经的婴儿潮大军所牵动，在婴儿潮时期出生的7800万人口如今大多数已经到了或正在接近退休年龄(每天 10 000 新增退休人口的速率），但是他们并没有退化。相反，他们正在重建新的生活，追求新的生活方式。

你打算什么时候“老”去呢？这不是不可改变的事实，而是一种选择。从放弃充实自己生活的那一刻起，你才真正开始走向衰老。现在开始制订计划，永远不要让自己“老”去。每一年都去寻找新的让生活充实起来的方法。你永远都和你想的一样年轻。你的身体可能会衰老，但是很大程度上可以通过锻炼改善。向自己保证，活一天，就年轻一天。

我是如何激励我自己的

按照三个字调整我自己——立刻做。我给自己许下的承诺就是永远不背离这三个字——我说到就一定做到。因此要花一些时间刻意培养这个能力。

现在开始，从身边简单的小事做起，但是无论做什么都要记得——立刻做。反复实践这个原则，直到它成为你做任何事的习惯，然后，永远不要偏离。

大卫·科尔宾

看了这个观点，你会采取什么行动？

253. 家庭传统——既往和开来

有一些文化中有很强烈的家庭传统意识，而有些文化中则没有。年轻的时候，我见过很多家庭有举行某种家庭仪式和惯例的习惯，而且和他们老一辈传统或宗教形式不尽相同。起初，我觉得我的家庭中没有这套东西。但是后来，随着我年龄逐渐增长，我意识到我们家中也有这些。事实上，我们有一套家族独有的传统和仪式。这些传统都是某个时间某个地点在家族中发起的，然后我意识到，只要我愿意，我也可以在家里发起属于我们这一代人的家族传统。

无论你们家族有没有以前沿袭下来的传统，你身边都有一大帮和你紧密联系在一起的人，他们就是你的家人。你能通过在他们之中发起什么传统或仪式来加强你们之间的联系，巩固你们共同信奉的价值？感恩节晚餐的时候一起分享一下最令你们感激的事情怎么样？或者每周一次，讨论一下你们这周的经历和收获？又或者举行某种仪式，把你们认为最重要的价值观念分享给子孙后代？认真思考一下。你今天发起的仪式可能成为家族未来的传统和给子子孙孙留下的一笔财富。

看了这个观点，你会采取什么行动？

254. 认识你的邻居——一次被成功阻止的绑架

我的一个邻居最近经历了一次差点被绑架的险情。一个图谋不轨的人盯上了她的家并尾随她入室，然后这个劫匪拿枪指着她，逼她离开房间，让她上他的面包车。但是这个匪徒没有预料到她和隔壁邻居很熟，当邻居看到她脸上的表情，立刻觉得不对，于是进屋报了警。劫匪察觉到情况不妙，这时，趁着劫匪不注意的工夫，我的朋友快速冲回到了家中并把门反锁。劫匪见状急忙钻进面包车中，落荒而逃，不过最后还是没能逃避警察的抓捕。

看了这个故事，我想让你思考一下为什么这个劫匪没有得逞，以防你下次落入这个故事情节。主要原因就在于我的这个朋友和她的邻居很熟。我们和身边的人联系越紧密，我们周围的社群意识就越强烈，我们也会因此更加安全。从很多方面讲，我们都是我们邻居的守护者，我们可以彼此照应、相互关照。如果我们互不相识，当对方有难，我们就不会察觉到什么异样。去主动了解、结识住在你身边的人。他们需要你，说不定什么时候，你也需要他们。而且，这个世界上真的有很多好人。

看了这个观点，你会采取什么行动？

255. 男孩女孩俱乐部：孩子们的正能量领地

我是我所在居住地男孩女孩俱乐部的元老级会员领袖。我对这个组织印象最深刻的地方在于它是一个有着 100 年悠久历史的组织，它为孩子们上下学的闲暇时光提供了一个绝佳的、可以释放正能量的天地。男孩女孩俱乐部给予孩子适当的监督，同时为他们提供了一个玩乐、交朋友、学习、做作业和发展个性的空间。在这个纷繁复杂的世界里，它为孩子们提供了一方可供他们每日成长和进步的净土。

你最关心的公共事业是什么？很可能你身边就有一个正在为这项事业全力以赴的组织——而且他们需要你的帮助。你可能只能偶尔伸出援手，不过那就够了，他们很需要你。他们需要志愿者、临时工、协会领袖、支持者、赞助者、引导者、推荐者，还有任何能够提供所需帮助的人，等等。去寻找一个组织，通过奉献你的能量让这个世界成为我们每个人释放正能量的领地吧。正如我的朋友卡尔·约翰斯顿所说，孩子可能只占我们整个社会人数的

30%，但是他们是我们百分百的未来！

看了这个观点，你会采取什么行动？

256. 国际青年基金会——至少有一个无可救药般投入的大人

国际青年基金会的目标是至少要为每个小孩找到一个肯为他们的福祉无可救药般投入的大人，这个目标是不是很伟大？你会为了帮助谁而出乎所有人的意料？你会奋不顾身、不顾安危地去保护谁？我们需要多一些这种精神。

我们需要一种彼此保护、相互照应的职责感。没有人能独自一人走完这一生。我们走的路、喝的水、住的楼房、吃的事物，无一不是得益于他人的付出与劳动。我们不能独善其身。我们需要他人的友谊和善意。我们要主动捡起门口的垃圾袋，不能各扫门前雪。我们真的很需要彼此的帮助。下次你再看到有人在工作时，谨记，无论他们做的是什么，都将某种程度上对你产生益处。停下来好好感谢他们，感谢他们的恪尽职守。让他们知道，我们需要他们。

看了这个观点，你会采取什么行动？

257. 发掘行之有效的方法，不要荒废

你上次成功省下一笔钱，靠的是什么？你过去为了维持理想体重都做了些什么？你为了和某个发生过争执的人重归于好，都采取过哪些最有效的策略？你是怎么调整好心情的？拜托！看在上帝的分上，请你再做一次！不要放弃那些行之有效的策略，记下它们，然后反复实施，让它们成为一种习惯。

有太多的人，他们以正确的方法做了一件事，然后沾沾自喜地扬长而去，就好像这段经历一文不值，全靠运气。你最好的生活教练就是你过去的生活

经历。学会从你自己身上学习。同时，以同样的方式帮助他人——帮他们发现他们做得对的地方。在他们成功之时提醒他们，帮他们指出那些可以复制的经验。做生意时，确保自己养成事后回顾的习惯，把大家公认行之有效的经验和百无一用的教训记录下来。你未来成功的关键，已然存在于你过去成功的经验当中了。花些时间从你过去的经验中汲取养分，同时也别忘了借鉴他人成功的经验。

看了这个观点，你会采取什么行动？

258. 你的空间在诉说着你什么？

想具有快速读懂别人的能力吗？那就去学习观察他们周遭的环境。很久以前我们就知道，一个人的办公室就是他价值观和兴趣爱好的写照，但是你是否也知道，我们身边的一切都在诉说着我们的身份和特质？

我的一个朋友总喜欢把他的车保持得干净整洁、一尘不染。车里面配备了全球定位系统（GPS）和高端的卫星无线电设备，以彰显他的高人一等的驾驶经验和追求。相比之下，我的另一个朋友车里简直是一团糟。她的车里到处都是食物的残渣，车座的缝隙塞满了各种碎屑。车座下面堆满了各种揉烂的发票和神秘的纸团。

如果让你从这两个人中选择一个帮你做房产规划，你会选择谁？当然，他们的个人空间不一定就是他们生活百分之百的写照，个人空间乱不一定代表全部生活都一团糟，但是，你愿意冒险打这个赌吗？审视一下你自己的生活——你的家里、橱柜里、车里、办公室里、文件包里。从整理它们中的每一个开始，可能是帮助你理顺生活的良好开端和切入点。

看了这个观点，你会采取什么行动？

259. 感情银行账户（柯维）和积分（韦克斯勒）

史蒂芬·柯维博士经常谈及我们该如何与他人建立“感情银行账户”。我们做的好事和坏事分别构成了存款和取款行为。我的朋友菲尔·韦克斯勒则认为，我们通过日常表现出的行为和给别人留下的印象不断从别人那里获得“积分”。

这两个概念都在你的掌控范围内。你可以有意识地增加与他人之间的“存款”，你也可以刻意地从别人那里多获得一些“积分”。然后，当你做的好事积累到了一定的程度，到了“取款”的时候，你就可以请求对方给予便利或者提供帮助，你的感情账户里会有足够的余额支撑你的。

你今天能做些什么来提高你和同事及客户之间的好感？你需要付出多少成本？我敢打赌，你可以在不损失一分钱的情况下建立起自己的“存款”。只要找对帮助别人的最佳方法和途径，你就做出一些看似简单实则让人感激不尽的行为，从而让你的感情账户取之不尽。你很可能因此富贵加身！

看了这个观点，你会采取什么行动？

260. 反思之周

通常，在每年圣诞节和新年之间的那段日子，我会抽出整整一周的时间，反思我的生活和事业。这是我一年一度的闭关修行。其实这件事在一年中任何时间段做都可以，但是我更喜欢选择这段时间，因为大多数生意和业务在这个礼拜都处于半休眠状态，电话也往往是安静的。

每天，我会用一个上午的时间来反思生活中的一个重要方面：一天反思财务状况，一天反思家庭生活，一天反思健康和健身，等等。随着这一周的

> **我是如何激励我自己的**
>
> 我会阅读我以前写的激励短文，看我自己演讲的视频。有时我也会读一些励志类的书籍。
>
> 罗斯玛丽·罗塞蒂

时间慢慢过去，我开始转移注意力，回顾我这一年来经历的目标、成功、挫败和梦想。最后几天，我开始集中精力进行规划，确定每一个具体重要的环节以帮助我更好地获得我想要的生活。

这个回顾和规划的过程，过去这么多年来一直对我产生着积极的作用。我会首先退一步，回顾我生活中的方方面面，然后我会认真研究生活中遇到的种种成功和挑战模式。接下来我会设定每个方面的目标，最后勾勒出通往每个目标的线路图。从那一刻起，我就拥有了我的行动计划，拥有了创造我想要的世界的利器。你也可以做到。放手一试吧。

看了这个观点，你会采取什么行动？

261. 珍贵的礼物（斯宾塞·约翰逊提出的理念）

斯宾塞·约翰逊是一个杰出的思想者和世界上最伟大的作家之一。他曾写过一本书，名为《珍贵的礼物》。他说：我们能给其他人最珍贵的礼物，或馈赠，就是此时此刻我们在他们身边。

多么美妙的思想！人们对于获得他人全身心的关注有一种如饥似渴的渴望。为了达到这个目标，他们奋不顾身，挥霍时间和金钱，甚至置法律于不理。

我们都急切地想从别人身上得到答案，我们需要知道我们是被关注的，是被爱的和被珍惜的。为什么不让他们省省力，给予他们垂涎已久的关注呢？从你的伴侣和孩子先开始，他们渴望得到高品质的关注，给他们足够的关注，展现出你对他们的兴趣。不带任何批判态度地去倾听他们。花些时间关注他们真正在意的是什么。工作上同样如此。你会发现这么做以后，你周围的同事会更喜欢你。他们也会开始关注你关注的事情。今天就送给他们这份最珍贵的礼物：此时此刻，伴随身边。

看了这个观点，你会采取什么行动？

262. 父亲的工作台（纪念我父亲 100 岁的生日）

在我们的车库里有一个父亲自己制作的工作台。他曾在那里工作过无数小时，修理、制造、改装过各种各样的东西。那个时候的我，常常站在他臂弯旁观察，默默地学习。车库里的味道、声音和感觉直到今天还萦绕在我脑海中，让我久久难以忘怀。

我的父亲 2015 年就过 100 岁的生日了，我不知道他是否知道这些时光对于我的意义。

你呢，你生活中有哪些诸如此类的时刻？你在创造这些时刻的同时知道会对身边的人产生影响吗？往往，我们对于自身行为给他人带来的影响甚至没有察觉。无论走到哪里，你都能找到在四处寻找指导、教练和导师的人。当我们找到这些人，我们会无比感激和珍惜他们的出现。当你对一个人心怀感激时，不如直抒胸臆，告诉他们你的感激之情。让他们知道你把他们当作生命中的重要之人，你从他们身上学到了许多。这种意识和想法带来的力量是巨大的。我们都爱帮助别人，同时我们也都需要得到别人的感激。给你感激的人打个电话吧……就今天。

看了这个观点，你会采取什么行动？

263. 什么能让你有一种被爱的感觉？

小的时候，我祖母总会让我坐在她的腿上，然后轻轻抚摸我的后背。即使是今天，每当妻子抚摸我的后背，我都有一种安全感和被爱的感觉。当然这只是无数人用来表达对彼此关心和爱意的方式之一。当儿子来寻求我的建议或者朋友来征求我的意见时，我也有一种被爱戴和尊敬的感觉。

人们往往愿意以他们喜欢的接收爱意的方式来表达爱意。如果一个人通过他父亲教他一项技能这件事获得了被爱的感觉，那么他们也会认为，教别人一项技能也同样能使别人得到被爱的感觉。但事实不一定如此，每个人自我感觉产生的方式和原因都不相同。

有些人认为收拾房间或者做家务就是表达爱意的方式。而有些人则认为这只是一种负责任的行为表现。有些人选择做饭，有些人选择上交工资——但是这些都只有在行为接收方理解你意图的前提下，才能体现出你的爱意。如有不慎，你的一切功夫和心思都很有可能只是一场表错了情、会错了意的误会。除非你已经确切地知道对方判断你是否关心他的标准，否则，对方能不能领你的情还真的不好说。仔细想想，什么能让你有一种被爱的感觉？

看了这个观点，你会采取什么行动？

264. 开放性：弱势分享与强势分享

人类最可贵的品质之一就是开放性。通过分享你的想法和感受，你能大大提高对他人的吸引力。但是要注意，分享不等于发泄。当你一上来就说："我来告诉你们我是怎么想的吧。"你就应该知道，你是不会吸引他人的注意的。首先，"我来告诉你"是一种指令性的口吻，而不是请求的语气。其次，如果你想告诉我你的想法，大可直接和我说你想法的内容。你可以用一种更温和的开场白，比如，"依我看"或"据我观察"或"从我的角度来看……"。每一种表述方式都是出于一种向对方提供多一种选择的角度来考虑的，而不是做出一种强硬的、富有侵略性的宣告。

如果人与人之间没有开放性，那么我们无法了解对方。但是如果我们之间分享的都是这种强势霸道的观点，那么我们也无从透过这些表面的观点认清彼此真实的本性。人不会只因为彼此站在同一立场就能心有灵犀。人之所以能互相建立连接是因为我们能在情感和感觉层面达成一致。如果你关心我所关心的，那么我们就是志同道合、惺惺相惜的朋友。正如吉格·金克拉所说："一个不知道你关注什么的人也不关注你知道什么。"

看了这个观点，你会采取什么行动？

265. 你下一步需要学习什么？

当你停下来审视自己的生活，你认为下一个比较大的挑战会是什么？财富问题、健康状况、人际关系障碍、职业选择，还是某些哲学层面的疑惑？为什么不在遇到它们之前就做好准备呢？

问问你自己，"我下一步需要学习什么？"然后今天就开始为之准备，就好像问题已经如期浮现了。据说，很多彩票中奖者很快就会把他们这笔意外之财挥霍一空，然后又一次变得一穷二白。这是因为他们的思维方式没有得到同步的改变——只是银行存款数字变了。如果你知道你即将发一笔横财，难道不应该提前学习一下如何理财吗？如果你知道你与另外一个人潜藏重大矛盾，你不会提前报名参加一个关于处理人际关系的在线课堂吗？我们学习生活技能的目的就是防患于未然。想想你的生活是如何展开的，今天就开始学习你未来某一天可能需要的知识和技能。当你为一切做好了准备，所有挑战在你面前都是机会。

看了这个观点，你会采取什么行动？

266. 感激大队

我最近主持了一场大型慈善晚宴和拍卖，与会嘉宾有500多个人。在我们准备这场活动时，也就是几个月前，我告诉我们的委员会，活动结束后要把大家叫到一起，组成一支“感激大队”，向在场所有嘉宾表示感谢。在场这几百名一如既往支持我们的嘉宾理应得到我们最诚挚的感谢——但是比感谢他们更重要的是确保他们内心深处感受到我们的谢意。

有时只说谢谢是远远不够的，除非对方能真切地感受到你的感激之情。我们决定为与会者建立一个信息数据库，确保后续每个人都能接收到我们三种不同形式的感谢：第一种可能是一封私人感谢信或便条；第二种可能是一个特制的信物；而另一种则可能是电话答谢或亲自登门拜访。一封电子邮件、一封下一场庆典的邀请函、一次带着喜讯的登门拜访、一份相关新闻简报、一张在晚宴上抓拍的照片、一则诉说晚宴慈善意义的小故事，这些表达方式都在通过不同渠道传达一个相同的信息：“十分感谢你。”当别人倾尽全力帮助你，请一定确保他们能感受到你的感激之情，让他们看到自己的慷慨付出没有白费。

看了这个观点，你会采取什么行动？

267. 认错是一种力量的体现

有一次我和一名同事一起负责一个重大项目的审核，最终项目大获成功。我的这名同事非常出色地履行了她的职责。尽管后面出现了一些问题，不过无伤大雅，整体来看，项目进展十分顺利。在我们后来回顾整个项目的过程中，我们也因为她出色的表现表扬了她。但是当我们回顾她做得并不是非常完善的地方时，她找各种借口，拒绝承认。

其实她本可以承认，她当时忙得喘不过气，把战线拉得太长了，但是她没有这样说。她害怕一旦流露出缺陷和不足，哪怕只是一点小错误，她在别人眼中的完美形象就遭到破坏了。但其实，情况恰恰相反，如果她同时承认自己的优势和缺陷，会是一种更好的策略，她的处境会好很多，不过她选择摆出一副防御的姿态。

最终，她差点丢掉了这份工作。不是因为她犯的错误——每个人都会犯错，而带有良好动机的错误并不会招致严厉的批评，只会得到善意的指正。她差点丢掉工作是因为她拒绝说出："这件事我没做好。我会找到一个处理这类事情更好的办法。"仅仅一句这样简单的陈述，如果她当时能够说出来，她就依旧能给别人留下坚强和成熟的印象。

看了这个观点，你会采取什么行动？

268. 就只再多跑过一棵树

在我尝试通过慢跑减重塑形的第一年，远途跑步对于我来说是一个巨大的挑战。但是面对身体素质的限制，我没有选择妥协，而是决定突破一下自己。在我家附近的跑道上，我已经慢慢逼近了我舒适区的尽头，不过我没有就此停止，我对自己说："我要再多跑一棵树或一个街标的距离。"这个"只再多一棵树"的习惯最终让我能毫不费力地一口气跑 8 千米。

今天，几十年过去了，我仍能在环山跑道上完成 10 千米的跑步和远足旅行，平均仅用时 102 分钟——我快 70 岁了。这个理念适用于工作和生活的各个方面，无论是激励你再多打一个销售电话、多完成一段报告还是多读一页书。再多发一张感谢函怎么样？无论如何，停止之前，再多一次。

看了这个观点，你会采取什么行动？

自我激励检验

一个科学验证、行为导向思维体系，助您在生活各个方面占尽先机。

检验目的

自我激励检验就像给你的生活拍一张航拍照片，能识别出你生活现行运作模式，整体从八大方面对你的生活进行观察，然后针对每个方面提出相应对策，帮助你改善生活认知和表现。而这一切仅仅是一场终身探索的起点。卡斯卡特研究所致力于成为您身边持续不断的资源提供者，敏锐洞察您的天性。

而且这份检验评估仅属于你，是完全对外保密的。评估结果并非用作为比较不同人群的对比工具，而仅仅是为了帮你评估自己。

自我认知重要性

据报道，在一次与电视评论员比尔·莫耶斯的采访对话中，作家及意见领袖彼得·德鲁克博士曾被问道：“你对即将踏入下一个世纪（21 世纪）的孩子们有什么建议吗？”

彼得·德鲁克回答：“知己所长，这是最重要的，你要知道你擅长做什么。大多数人只是知道他们不擅长做什么。”

《情商》一书的作者丹尼尔·戈尔曼说道，在所有的情绪智力中，最重要的是自我认知。当然，苏格拉底有一个更简洁的说法：“认识你自己。”

那些自我认知能力很强的人大多数都是很好的倾听者，他们不在意外界的看法，也不妄自评论他人，也因此更愿意承认自己的错误。同时，这些人工作也往往更加高效，很少有人际关系方面的问题。

检验设计目的

其实和汽车维护很像。大多数人都是等到汽车某个部分出了问题才去找机械工修理。当你把爱车送到维修中心时，他们会对你的车进行“21点”式的检修，这么做的目的是什么呢？就是为了防止出现更严重的问题，造成更大的损失。一般情况下，普通人都是在危机降临时被动地管理生活，而不会主动地去管理生活。当你检验检测的目标是你自己时，一定要确保马力全开，竭尽全力，这样你的生活才会更顺畅地运转。原则？那就是提前在检验上下功夫，而不要等到事故发生以后再亡羊补牢。

评估结果方法

不要把重点放在想得到一个分数，或者一个病例分析上，而要把注意力放在获得洞察体会上面，体会如何通过思考你是谁和你怎样来帮助你更好地做出决定，在机会出现时及时发现并把握，在你不断成长的过程中保持认知能力的同步成长。

这是一幅关于你未来探索和个人成长的导图，但这只是你今天的评估结果。所有基于这些观察的自我激励

我是如何激励我自己的

我有一个坚信不疑的理念，每天早上起来，我都会强迫自己先做那些我讨厌或者觉得困难的事情，这样，在这一天剩下的时间里，我就可以开心从容地工作、玩乐、滑雪、骑行了！所以，正是每天早上这个“趁早搞定它”的心态释放了我一整天的心态和精力储备，与此相比，自欺欺人地掩盖问题，然后带着愧疚和恐惧度过一天是我不能接受的。

希尔维·亚佩罗

检验都是“即时”性的，只适用于当下状态，就像按暂停键截下的快照，而不是全景全动态的影片。正如我们做的健康体检，体现的也只是你当时的健康情况。这个自我激励检验体现的也只是当前情况下你生活各方面的状态。记住，你是可以改变你生活中种种行为的。

不要试图去改变你的天性，相反，要去培养你的天性。每当你经历生活转折和变故时，都重新完成一次这个检验，例如当你经历换新工作、组建新家庭、家庭发生重大事件或职业生涯改变时。尽管外界情况复杂多变，但我们的生活重心和运转模式也是不断进化的。

下一步：最大化反馈

回顾一下你获得的结果，自己凭感觉判断一下这些结果的真实性。用铅笔记录下你的第一反应并标注日期，把这些发现和结果拿出来和他人讨论，拿这些观察结果做一做实验验证一下，看看是否真实有效。一定记住，所有的观察结果都要出自你最终给出的答案。如果你的答案发生变化，评估结果也会发生变化。

免责声明

检验评估是对自己实施的自发行为。所有因此产生的有益结果都来自且仅来自于你自己提供的信息。如果你人为地改变或伪装，造成评估排位或评分虚高，那么你得到的关于生活现状的描述和对策就可能不准确；如果因此造成评估排位或评分虚低，那么报告反馈描述的很可能是一个自我认知或表现能力低于你，或者二者都低于你的人。此检验成立的假设前提是所有你提供的信息都是真实准确的，可以反映出当前你生活各方面的感受和状态。

个人优先事项轮算法

这是一个帮你保持生活平衡的方法。画一个有八个轮辐的轮子，然后将这八个轮辐分别命名为心智、身体、精神、情感、家庭、朋友、事业和财务状况。把每个轮辐都想成一个评分维度，然后提出以下问题。

这张图是一个总结，能从各方面反映你最近生活是否充实

日期： 平均值：

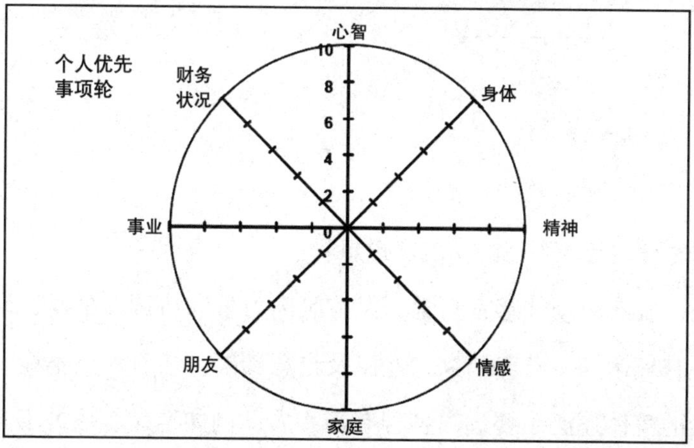

回答下面八个问题，检测一下你在以上几个生活方面的活跃度。换句话说，就是看看你当下在这一方面充实程度如何。

0 分代表你在生活中举步维艰，在某个方面甚至失望到了极点；而 10 分则代表你的生活非常充实，甚至充实到已经不能再提高了。你可以从以下八个方面分别进行评分。

心智

1. 你的心智水平决定了你多方面能力，包括学习、记忆、解决问题能力、创造力、音乐、诗作、艺术、写作、头脑风暴的能力等。你最近多大程度上调动了你心智各方面的能力？你激活自己心智的水平怎么样？你有尝试过挑战提升一下自己的心智吗？

从 0 到 10 中选择一个数字，打个分，看看你最近多大程度上发挥了自己的心智能力：______________

身体

2. 你的身体有数不清的功能。想想看：

呼吸、血液流动、感官知觉、保持肌肉力量和协调、平衡、维持全身灵活敏捷、有氧运动、营养储存、性以及自愈功能。还有一点不能忽略的是，一个健康的身体还必须要远离各种有毒物质，例如毒品、尼古丁和酒精，还要考虑你在娱乐运动时对身体的消耗，另外还包含对于运转失灵的身体部位的放松和恢复能力。你认真照顾自己的身体了吗？

从 0 到 10 中选择一个数字，打个分，看看你最近多大程度上发挥了自己身体的功能：______________

精神

3. 你的精神和灵魂才真正决定你是谁。它们虽然是客观存在的，但却藏匿在你的身体里，控制着你的心智，它就是那个内在的你。精神唤醒和存在是寄托在我们的快乐、爱、灵感、梦想、愿景并投入之中的。高尚思想和激昂文字让我们的精神得到鼓舞；在帮助他人和追求美丽事物的艺术创作的过程中，我们的精神得到升华；通过祈祷和冥想，我们和自己的精神达成交流对话。这是一种对生活的致敬。

从 0 到 10 中选择一个数字，打个分，看看你最近多大程度上锻炼了自己的精神力量：____________

情感

4. 每个人心中都有各种各样的情感。这些情感包括幸福、恐惧、快乐、同情、愤怒、骄傲、愉悦、开心、平和、好奇和满足感。此时此刻你正在感受这些情感吗？你又有没有压抑过这些情感呢？我们来到这个世界上，注定要体验所有情感，而不能选择仅去体会其中的个别。自然而然，你需要用合适的方式表达自己的情感，不过情感表达需要体验，而不是压抑。

从 0 到 10 中选择一个数字，打个分，看看你最近多大程度上进行了情感体验：____________

家庭

5. 家人就是我们用来称呼最亲近人的方式，家人是那些与我们息息相关的以及我们愿意与其建立紧密联系的人。在这里，就是指你最爱的人。回想一下你与家人接触的时间有多少，再想想你有没有虚度这些时光。

从 0 到 10 中选择一个数字，打个分，看看你最近多大程度上投入到了家庭之中：____________

朋友

6. 你的小圈子就是由你的朋友组成的。

我们生活中有与我们存在各种各样联系的朋友：挚友、邻居、同事、运动伙伴、俱乐部同人，以及那些与我们萍水相逢的泛泛之交。他们每个人都在我们的生活中扮演着重要角色，共同构成了我们平衡完整的生活。

从 0 到 10 中选择一个数字，打个分，看看你最近与朋友们交往活跃程度如何：____________

事业

7. 你的事业某种程度上也可以称之为你的谋生之道，你对这个世界的贡献和你的经济收入等其他收入都主要来源于此。你的谋生之道足够活生生吗？把它和你的知识、技能、资质、成就、杰出贡献和全部努力联系在一起，看看你工作时有没有发挥你的全部潜质，你有没有带着目标去工作。

从 0 到 10 中选择一个数字，打个分，看看你最近多大程度上追求自己的事业发展：____________

财务状况

8. 有形财富的重要程度往往在你没有它时才体现得最明显。无论你是否对金钱感兴趣，钱都决定了我们是否能生存。我们的财产和物质资源也一同构成了我们的有形财富。你知道你的财富来自于哪里吗？我说的是你所有的财富，它们又最终流动到了你生活中的何处？你有没有学习一些关于理财的知识？你对金钱是持忽略的态度，还是有着异常敏锐的感知？不要把注意力放在你有多少钱上，而要看看你如何在生活中通过控制和管理金钱，来不断使你的生活充实、富足。

从 0 到 10 中选择一个数字，打个分，看看你最近在管理各类经济财富时活跃程度如何：____________

个人优先事项轮算法总结

从以上八个评分维度取分，然后在这个轮上体现出来。在这个八轮辐生活轮的每一条轮辐上画一个圆点，八个轮辐依次为心智、身体、家庭、朋友、精神、事业、情感和财务状况。在每一条 2 到 10 分刻度线上标注圆点之后，将这个轮中的圆点依次连接起来。

这个轮中有八条轮辐，每一条都是一个 2 到 10 分的刻度线。轮子正中间是 0 分，离中心最近的一个点对应 2 分，轮子最外边界对应的点是 10 分，这个分也代表你在生活对应领域达到了最大限度的充实。

当你将轮子内部的圆点依次连接起来时，你会发现，毫无疑问，形成的图形不再是一个圆了，而是圆形内部的一个不规则几何图形。这个新图形就在向你展现一个重要信息——你最近生活重心在哪方面。哪方面生活表现得越充实，哪方面对应的评分就越接近圆形外边缘。这个图形不能展现你哪方面强或弱，因为你评分的因素不包含那些。表现越充实的那部分生活，评分越朝向圆形的外侧，越是被你忽略的那部分生活，评分越朝向圆形正中心。

你现在就会知道应该在哪方面投放更多精力，来让生活更加均衡了。注意，被你忽略的那部分生活可能一开始不会给你带来什么麻烦，不过要不了多久，这些被忽略部分会干扰你生活的其他方面。

我们当然不可能一直生活在完全均衡的状态下，不过我们还是有能力通过时不时地转换注意力，来尽量确保我们的生活不会因某一方面长期被忽略而完全失衡。请花一点时间让你的生活充实起来，不然，等到疾病、人际交往问题、抑郁甚至破产光临你的生活时，你将不得不去花更多时间。所以，平衡的生活需要我们不断调整注意力和精力，从一个轮辐调整到另一个轮辐，循环往复，不让生活任何一个方面掉队。在下面的插图中你会看到，这个人在家庭、身体和事业三个方面的得分最低。如果这种情况持续，那么他在人际关系、健康和工作方面的问题很快就会浮现。这是一个非常不错的检验，能时刻为你敲响警钟。现在他们就可以使用思维食谱来对这些方面进行改善。

我是如何激励我自己的

快30岁的时候，为了提高工作和生活的效率，我搬到了一个最让我感到活力四射的城市居住，从此以后每天早上4点45分起床锻炼不再是一件苦事。生活有时需要我们主动去设计。累了休息的时候，我就把运动服脱下来扔到洗衣池旁边（有时在锻炼时，我甚至会不小心把衣服穿反），但是当你快乐同时心怀感恩，一切都会有条不紊地顺利发展。

安德里亚·萨马迪

这张图是一个总结，能从各方面反映你最近生活是否充实

日期：　　　　平均值：

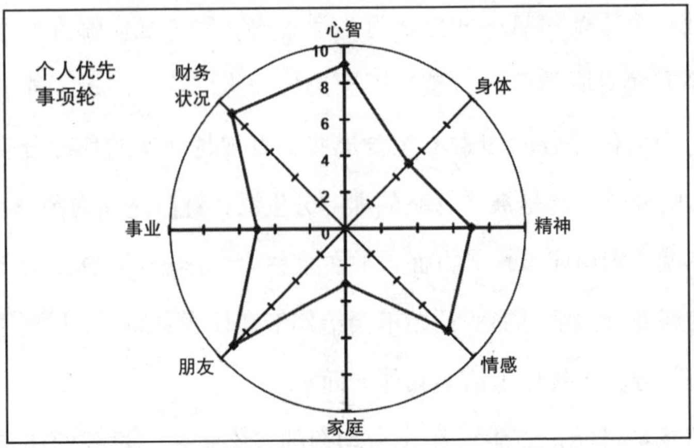

个人优先事项轮是你八大生活方面的鲜明比照，能够展现出你最近在哪些方面投放了最多精力。

理解你的个人优先事项轮

1. 注意每个刻度上的数值，每个数值与 10 之间的差值代表你在这个对应方面可以提升的空间。如果你在任何一个方面得分距离 10 分很远，那么你在这个方面的提升空间就是巨大的。

2. 接下来，注意你得分最高的方面，这些方面就是你最近投放精力和重点最多的地方，也可能是你过得最舒服的方面。

3. 现在，再注意你得分最低的方面，它们可能就是你最近频频逃避或是放到待办事项最底端的那些事。最低分的事项也往往代表你当前需要做的最重要的功课。

透过这些数字，你可能无法看到你理想的平衡和谐的画面。事实上，大多数人在绝大多数情况下，都无法得到一个规则、协调的圆形。更多时候，我们倾向于在以下四个外在方面投放精力：家庭、朋友、事业或财务状况。我们努力工作，确保家庭靠谱、工作靠谱、收入靠谱，然后就觉得我们生活得够丰富了。或者我们乐不思蜀，投入大量宝贵时间和朋友们一起吃喝玩乐，然后就觉得我们的生活够多彩了，但其实这种“觉得”并不靠谱。

也可能你正好相反，你可能把全部精力都投放在四个内在方面了：心智、身体、精神和情感。有些人把全部精力都放在获得理想身体和身材上，或武装自己的大脑和心智、陶冶精神。还有些人则寻求表达各种各样的情感。那些没有得到你重视的方面迟早会给你带来压力，让你不得不注意。生活中任何被你忽视的方面都会对其他方面产生干扰，直到它们得到了你的重视。所以，要学会持续地调整生活各个方面的重心，寻求一种平衡。生活中所有方面都是至关重要的，不过只专注于某一个方面的提升未必能带来其他方面的同步提升。

均衡发展

如果你对得出的评分不满意，你可以改变它们，只要现在开始在每个方面尽你所能多做一点应该做的事。为了让我们的生活更加充实，所有八个方面都要时不时地得到兼顾，要确保它们整体处于一个平衡的状态。你要具体怎么做才能达到这种状态呢?

既然我们都知道“千里之行，始于足下”这个道理，那么我认为这个古训就蕴含着我们在寻找的线索和智慧。只管穿上你的跑步鞋，来到路边……

心智

用心观察都有哪几种开发你心智的方式，然后从中选择一到两个，着重实践并利用。然后选择一个简单的行为作为开始，先让自己踏上前进的道路。举个例子，如果你想进一步提升自己的创造力，那么你可以从每天练习头脑风暴和玩电脑游戏开始，坚持一周，然后再进阶其他方式。如果你想提高学习能力，那么你可以选择一些合适的学习材料，然后坚持每天学习 5 分钟。你会常常学习超过 5 分钟，不过就算只有 5 分钟，效果也会非常棒。关键是要开始——通过这样做，你会进一步开发利用自己的心智和思考能力。

身体

关于身体，最重要的是要保持活跃的状态。就像我们大脑的功能机制一样，我们的身体也有“用则进，不用则废”的特点。请保持活跃，打破日常惰性，多让身体动一动，无论你多大年纪，哪怕只是在椅子上做一些活动，关键是动起来！运动能给你的大脑输送更多氧气，能让你更好地进行思考。给你的身体充充电，让它前所未有地充满能量。放开手脚大胆尝试，做一些你以前没做过的运动，让自己的身体素质和运动能力提升到一个全新的高度。你还可以寻求一些专业组织的指导，比如美国运动健身协会，向专业人士咨询适合你年龄和身体条件的运动项目，以此来让你更健康安全地达到预期效果。可以读一读克劳利和洛琪合著的书《一年比一年年轻》。

精神

为了获得更多精神上的快乐和内心的平静，请认可自己独一无二的存在，同时学会经常赞扬他人。培养慷慨无私的精神，多去付出自己，不求回报地服务他人。展现你的感恩之心，不要觉得获得的一切都是理所当然。多投入一些时间了解你的信仰，钻研《圣经》或认真学习你为之坚定不移的哲学理论。

情感

谈到情感，如果你想要在生活中获得更多快乐、充实、乐趣或平和，那么就请对应地多表达这些情感。我们经常把自己同这个世界隔离，将自己孤立，只在自己内心发泄那一点小情绪。这可能是一种非常保守、安全的做法，但是却不会给你带来什么有益或回馈性的作用——而且这会限制你作为个体的发展与成长。想办法调整你的生活，让自己得到更多情感体验和宣泄，让自己的经历丰富多样起来。

家庭

想要在家庭这一方面获得更好的表现和更高的得分，请体现更多亲切和关爱。倾听家庭中其他成员的心声，展现对他们足够的重视，通过一些小事让他们知道你在意他们、关心他们。每天抽出点时间和他们相处。你会吃惊地发现，原来我们陪在亲人和爱人身边的时间是如此少、如此短暂。

朋友

关于朋友，人们都说，要想拥有更多朋友，首先你要成为一个朋友，成为一个人见人爱的人，让他人觉得和你交往起来很舒服。卸下你内心的包袱，用心观察别人都对什么感兴趣。不要顾影自怜，只活在自己的世界中。多去支持、帮助他人，和他人建立更多更紧密的联系。如果你想邮箱里有更多来信，首先要多寄信。同样的道理，你如果想收获别人更多的夸赞，先更多地赞扬他人。

事业

从事业角度来讲，如果你想获得更多收入和薪水，那么你要给你的雇主或客户眼前一亮的感觉——比要求你的多做一点。想办法在每一次和客户互动或者完成工作任务时多投入一点。承认他人出色的工作成果，向他们表达自己的认可。让你的上司了解你的诉求和愿望，同时让他们知道你认为怎么管理你才是最高效的，让他们知道你眼中的自己。如果你想变得更有责任感，那就去承担更多的责任，然后更负责地完成你手里正在做的事。

财务状况

谈到你的财务状况，你首先要有理财的意识，要把你现有的金钱和资源更加有效、合理地分配。或者你也可以选择把你有限的精力和能量投放到经济回报更高的地方。时刻保持财务和金融意识——可靠和系统的理财观念——你就一定能找到节流或开源的方式。无论是哪种方式，结果都是你将有更多钱。

滋养你的天性

在你全身心投入到这八大方面的过程中，你将在这些方面收获更多生活经历，你也会生活得更加充实。追求各方面都充实、惬意同时又不乏精彩的人生是我们每个人的天性。可能你需要的仅仅是反思一下你在各方面现有的生活模式，你就能释放全部成长潜力。

在个人优先事项轮后面的练习中，我们会帮助你辨认你现有的生活运行模式（M.O.），并将其嵌入自我意识/行为表现（AP）网格中。通过这个练习，你能发现你当前最需要的是以教育（信息/技能）为主的“知”，还是以激励（行动）为主的“行”。充分利用这个工具，让它助力你下一个重大决策，帮你决断出最佳行为策略。

运行模式

一旦你知道了你哪方面的生活即将需要投放更多精力（优先事项），你就可以停下来审视一下你在每个生活轮辐（个人优先事项轮）下对应的运行模式（M.O.）。为了提高每个领域表现得分，你需要知道你应该在“知”上投放更多精力，还是在“行”上投放更多精力。

运行模式总共有四种，分别为乘客模式、批评者模式、竞争者模式和领导者模式。很多人想当然地假设“领导者”模式一定是最好的模式，认为我们应该一直保持在领导者模式的频道中。但事实并非如此。这四个模式在不同的情况下有其各自的用武之地。

举个例子：当你上了一架开往洛杉矶的飞机，在 14 排 A 座的位置坐了下来，对你来说，此时此刻最佳的模式（身体上）就是乘客模式，因为你就是一名名副其实的乘客。如果你这个时候摆出一副领导者的姿态居高临下，或者以批评者的语气咄咄逼人，又或者坚持竞争者的风格无论如何一定要分出个高下，那么就会显得非常不合时宜。不过你完全可以选择充分把握并利用这个做乘客的机会和经历，好好地读读书，放松一下，和周围的人聊聊天，或者埋头创作、学习，又或者反思一下你最近各个方面的生活。

记住，你可以选择你的模式，但是往往决定不了你的处境。

所以当你在做编辑或咨询或辅导工作时，批评者模式可能是最好的选择。当你身处比赛或竞争环境下，竞争者模式可能对你大有帮助；而当你有机会出谋划策发挥主要作用时，领导者模式则更适合你。总之，模式一定要匹配情境和你的预期目标，肯·布兰佳称之为“情景式自我领导”。

运行模式网格：自我意识 + 行为表现 = 驾驭能力

引言

我们不仅需要一个表达自我的渠道和方向，还需要一个媒介或者过程，来提高我们自己。学会了新的技能却没有使用的机会是徒劳无功的；而有了绝佳展现技能的机会却发现自己没有相应的能力则也是巧妇难为无米之炊，着实让人扼腕叹息。自我提高和自我表达共同组成了我们面前的这个运行模式网格。它展现在我们面前的运行模式主要基于两个要素：自我意识和行为表现——你怎么想和怎么做，即知与行。自我提高往往始于自我意识的驱动：你知道你的处境，知道成长所需必备要素，所以你开始自我提高。而自我表达则在于你的行为表现，你具体选择做什么。运行模式的基本法则就是高自我意识（A）乘以高行为表现（P），等于高超的驾驭能力——而驾驭能力决定了你的成就。

决定你生活的两件事：你如何思考和你如何行动。

自我意识 + 行为表现

自我意识最直接的表现形式是知。行为表现最直接的表现形式是行。当你改变这两个方面中任何一个方面，你都将某种程度上改变你的生活。

> **我是如何激励我自己的**
>
> 咖啡因 + 机警 + 投入。不要想太多。放手去做。虽然在这个过程中你会忍受很多痛苦和煎熬。
>
> 莎拉·伊德里斯·米勒

你的自我意识决定了你的思考方式。你对一个领域的了解越多，你能看到的可能性就越多。但是当你只学习事情背后的原理，你就会陷入过程的细节中，自始至终循规蹈矩。而如果你只坚持按照过去的方法和经验做事，你将一直无法取得突破。下面，你将着重学习如何通过提升自我意识来改善生活。

自我意识：过程和目标

让我们说得简单点吧。为什么是这个目标，怎么分析这个过程。你最关注的是什么？我们要知道我们为什么做我们正在做的事：我们坚持的信仰，我们捍卫的目标。我们要知道我们所追求过程背后的目标，然后根据我们的目标调整我们的行为表现。而能填补和化解目标和过程之间差异的就是我们的原则。如果你知道一个人行为背后的目标，那么你一定能清楚地看到哪些原则在发挥作用，哪些过程是合乎道理的。当你对目标了如指掌，你就能做出更明智的选择。而你越是深陷过程不能自拔，你越难做出好的决定。

行为表现：要求并多做一些

我们这个因式第一个要素是自我意识（你的思考方式）。第二个要素是行为表现（你的行为方式）。要想在未来取得更快更好的成长，你就要时刻思考如何多做一些。“多做一些？”你可能抱怨，“我现在每天的时间已经不够用了！”说得简单粗暴一些吧，如果我们不突破一下自己的极限，我们就不可能成长。如果你能在任何情况下都这样问：“要求是什么？除此之外，现在还有什么我能做的吗？”那么你就是将自己调整到了一个随时准备突破自我的状态，随时准备实现自我成长，探寻更多可能。然后，你就能最大限度实现自己的价值，发挥作用，而你发挥的作用和价值会让这个世界变得更加美好。如果我们每个人都只按照要求循规蹈矩地工作，那现状永远只是现状——一切都不会改变。除非有人能超额完成任务，比要求的多做一些，否则进步永远不会发生。

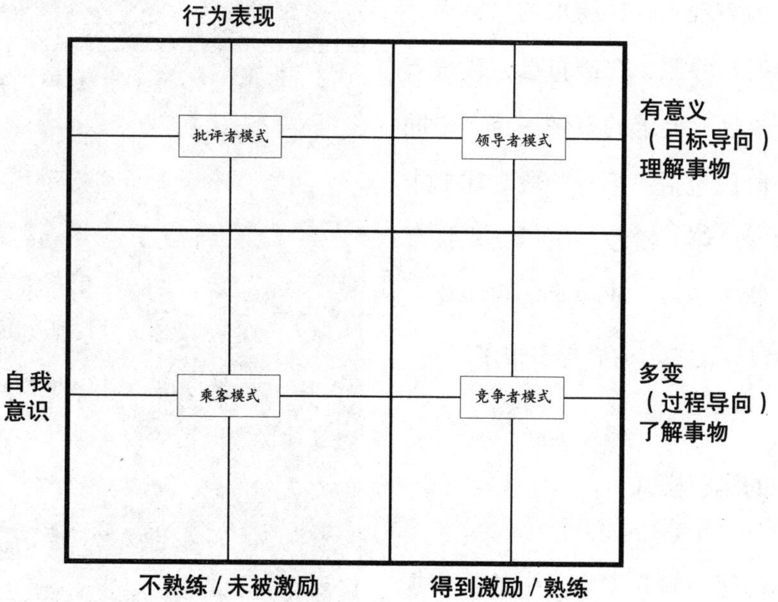

你的运行模式：网格

网格的纵轴代表自我意识，用来衡量你在某个具体领域的知识储备如何。更重要的是，它还包括你在任何情况下调整和升级思维的能力——你的大局观和思考问题的整体性。这个坐标轴上的刻度底端代表完全空白（什么都不知道），刻度顶端代表完全开悟（什么都知道）。这中间包含的四个阶段分别为事实阶段（只知道最基本的事实）、信息阶段（知道如何把事实归纳整理成有用的信息）、知识阶段（能把信息总结成系统的知识）、智慧阶段（在知识中探寻规律和原则，不断获得智慧）。

网格的横轴代表行为表现，从最左端到最右端分别代表一事无成和展现足以改变世界的举动。在靠近左端这一侧，代表你只是按部就班地工作，要求之外的多一点都不做（甚至做得比要求的还少）。靠近右侧的一段代表高效的行为表现——比要求的做得多，代表着跨过界限、突破自己，代表着成长，永远比要求的多做一点。中间的四个阶段包括：第一阶段，比要求的做得少；第二阶段，按照要求按部就班；第三阶段，比要求的做得多；第四阶段，比要求的做得多很多。

我是如何激励我自己的

每当我不得不去做和家务相关的工作或和打扫院子相关的工作或和写书相关的工作或其他和工作相关的工作，等等，我就打开电台，放上一个小时节目，这样时间就过得快多了，也能把我从洗盘子或剪草或码字的枯燥中解救出来。我的朋友和你一样，也是个作家，她刚刚写完了一份书评，之后在脸书上发了一条状态说："现在我要去看电影奖励一下我自己。"我也会时不时地奖励自己。有时是一顿美食，有时是放会儿音乐轻松一下，有时就像现在，停下来刷刷脸书休息休息。休息结束，我要继续工作了。

乔治·霍恩

你的运行模式

你的运行模式（生活中的行为模式 M.O.）决定了你在生活各方面取得成果的质量和数量。我们可以在这个模型的四个象限中得到我们想要的答案，分辨出我们在生活各方面分别处于四个运行模式中的哪一个：乘客模式、批评者模式、竞争者模式和领导者模式。你某一方面适合的生活运行模式可能与另一方面适合的模式完全不同。我们每个人在生活中都会发现，自己时不时地在这四个运行模式中来回切换、跳跃，不同的生活类型适用于不同的运行模式。你几乎可以随时改变你的运行模式，只要调整你的自我意识或行为表现就可以了。

运行模式：运行模式网格

下一步是基于你生活各方面的运行模式网格对你所处的现状进行评估。这个过程是一个对你进行综合诊断和评价的过程，让你清楚地知道你在通往成功和目标的路上处于什么位置。网格上有两个衡量和填写的维度，自我意识和行为表现（知与行）。

A——自我意识的衡量标准是既要了解过程，又要理解过程背后的目的和原则，以及那些“为什么”。除此之外，还包括你在任何情况下调整和升级思维的能力，你获得信息的能力或思考问题的大局观。这个坐标轴从下到上的刻度分别代表从完全空白，即一无所知（“0 分”），到完全领悟，即掌握必备的知识，有比较深刻的理解（“10 分”）。

P——行为表现的衡量标准是看你工作时能多大程度上释放自己的最大能力和最佳表现。这个坐标轴对应的刻度代表从无所事事（“0 分”）到展现足以改变世界的努力和行为（“10 分”）。靠近原点一侧数值较小刻度代表你对待工作只是应付了事，你只是按部就班地完成自己手里的事，多一点工作都不愿意做。靠近顶点一侧数值较大的刻度代表高效的行为表现，表示你总是超额完成任务，总在尝试跨过界限突破自己，代表一种成长和额外的付出。

结合并利用你在个人优先事项轮那部分练习使用的描述和指标，帮助你更好地理解生活各方面包含的种种要素。

心智

A：你在生活中对这方面的了解和认识程度如何？你知道为了提升心智能力该具体掌握哪些知识吗？为自己在 1 分到 10 分之间打个分：____________

P：相比于现状下你对自己实际能力的预估，你认为你在心智层面的表现如何？你有没有在心智层面给自己足够的挑战？你有没有在提升心智能力方面投入足够的时间和精力？为自己在 1 分到 10 分之间打个分：____________

身体

A：你在生活中对这方面的了解和认识程度如何？你知道需要做什么才能让自己达到最佳状态吗？你对合理的营养结构和休息方式有足够的了解吗？你知道你的标准体重是多少吗？为自己在 1 分到 10 分之间打个分：________

P：相比于现状下你对自己实际能力的预估，你认为你在身体层面的表现如何？你保持合理的锻炼和饮食习惯了吗？你有没有定期接受医疗或口腔护理？为自己在 1 分到 10 分之间打个分：____________

精神

A：你在生活中对这方面的了解和认识程度如何？你知道你的信仰是什么吗？你了解你精神信仰的本质吗？为自己在 1 分到 10 分之间打个分：______

P：相比于现状下你对自己实际能力的预估，你认为你在精神层面的表现如何？你花时间培养自己的精神信仰了吗？你有没有将自己置身于不断在精神层面挑战你并鼓励你的人群当中？为自己在 1 分到 10 分之间打个分：____

情感

A：你在生活中对这方面的了解和认识程度如何？你知道日常生活中触发你一系列情绪的因素有哪些吗？你知道生活中不同方面和领域是如何影响你

情绪的吗？为自己在 1 分到 10 分之间打个分：______________

P：相比于现状下你对自己实际能力的预估，你认为你在情感层面的表现如何？你经常和与你关系近的人倾诉情感吗？你表达情感的方式得体吗？你是那种能敞开心扉的人，还是过度压抑情感的人？为自己在 1 分到 10 分之间打个分：______________

家庭

A：你在生活中对这方面的了解和认识程度如何？你会为了挚爱的亲人而彻夜不眠吗？你愿意出席他们生命中所有仪式并一直伴他们左右吗（无论痛苦还是快乐）？你觉得你知道一个亲密和谐的家庭的必备要素吗？为自己在 1 分到 10 分之间打个分：______________

P：相比于现状下你对自己实际能力的预估，你认为你在家庭层面的表现如何？你会定期给你的家人打电话、写信或发电子邮件吗？你和家人一同度过的黄金时光多吗？你会投入时间和精力陪伴你爱的人吗？你会发自内心地倾听他们讲话吗？为自己在 1 分到 10 分之间打个分：______________

朋友

A：你在生活中对这方面的了解和认识程度如何？你会为了你的朋友而彻夜不眠吗？你愿意出席他们生命中所有仪式并一直伴他们左右吗（无论痛苦还是快乐）？为自己在 1 分到 10 分之间打个分：______________

P：相比于现状下你对自己实际能力的预估，你认为你在朋友层面的表现如何？你会定期给你的朋友打电话、写信或发电子邮件吗？你和朋友一同度过的黄金时光多吗？你会投入时间和精力陪伴你亲密的朋友吗？为自己在 1

分到10分之间打个分：______

事业

A：你在生活中对这方面的了解和认识程度如何？你知道你享受何种类型的工作吗？你清楚自己的优势和弱点是什么吗？你能做到高效地利用时间吗？你会紧跟时势和你所在行业的一手信息吗？为自己在1分到10分之间打个分：______

P：相比于现状下你对自己实际能力的预估，你认为你在事业层面的表现如何？你与客户打交道的能力如何，与你合作的客户会感到非常愉快吗？你最近在参加有关提升职业技能的课程或研究班吗？为自己在1分到10分之间打个分：______

财务状况

A：你在生活中对这方面的了解和认识程度如何？你清楚自己资金的来源和去向吗？你清楚自己在利息或投资方面的收支情况吗？为自己在1分到10分之间打个分：______

P：相比于现状下你对自己实际能力的预估，你认为你在财务状况层面的表现如何？你会为自己的日常开销做预算并按照优先顺序排列吗？你能在财务方面做出科学且负责的决定吗？为自己在1分到10分之间打个分：______

表面上看，这有点像是把优先事项轮算重复了一遍，但事实上二者给出的解读角度是不同的。这个网格评估不仅能告诉你你在优先事项轮上的位置，还能让你知道你现在处于何种运行模式。接下来，你就能看到你在生活中不同方面分别处于乘客模式、批评者模式、竞争者模式还是领导者模式。你的生活运行模式能说明很多问题，它能告诉你在前进的路上是否需要获得更多信息 / 教育或行动 / 激励。

自我激励检验结果

通过这些网格排序，你能清楚地了解你生活中接下来有哪些方面需要得到额外的注意和关注，以及你是否需要采取更多知或行方面的行动来改善它们。充分利用这些网格，通过这些网格来设置生活中的优先项，决定下一步投入精力的重心。每隔几个礼拜就重复练习一次，或者每当你感到力不从心或不知所措时，就利用这个练习检验一次。

下面给出一个具体例子，告诉大家如何利用这个网格工具。该例子基于某种特定的假设解读，针对评估结果给出相应的解决建议和改善方法。虽然例子中很多得分和排位可能与你的有所不同，但是你可以通过这个例子更好地学习如何使用这个工具，然后在亲身使用过以后，找到最适合你的建议和方法。

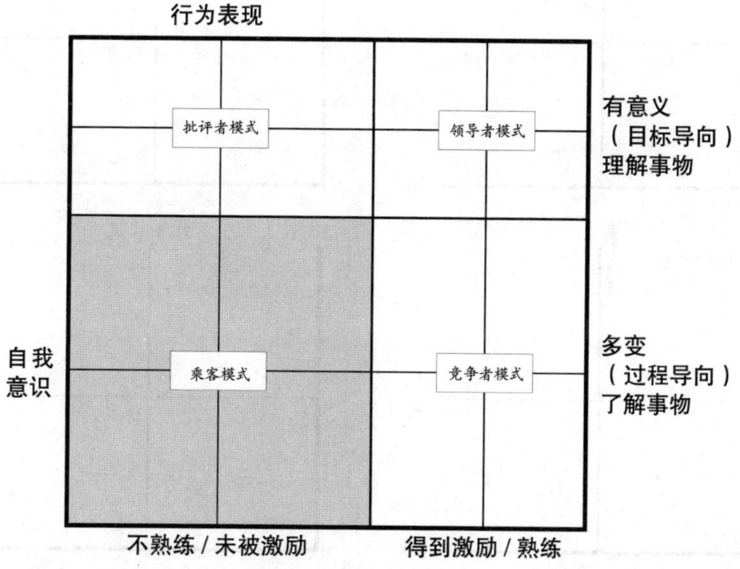

心智

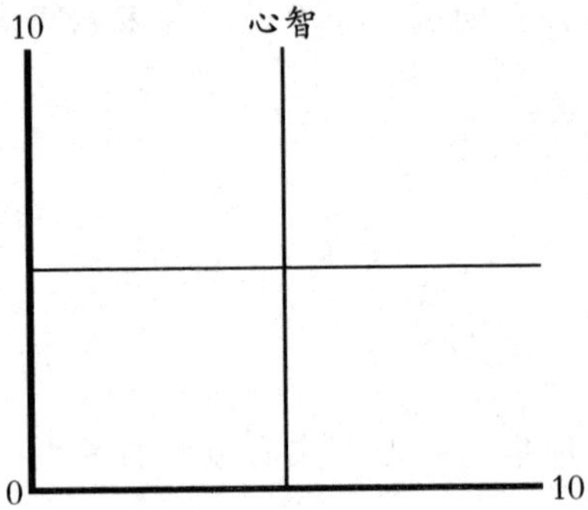

身体

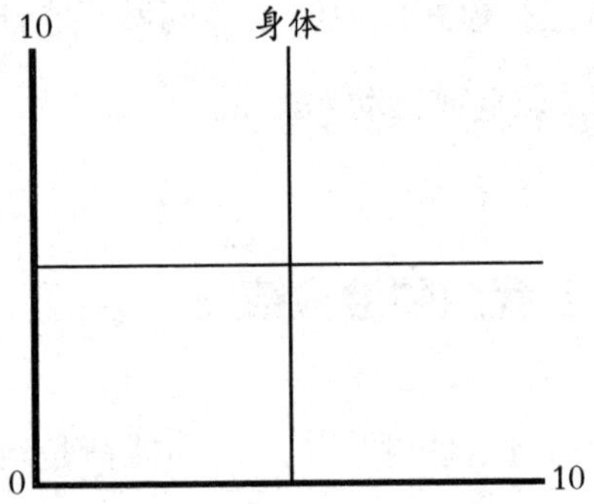

精神

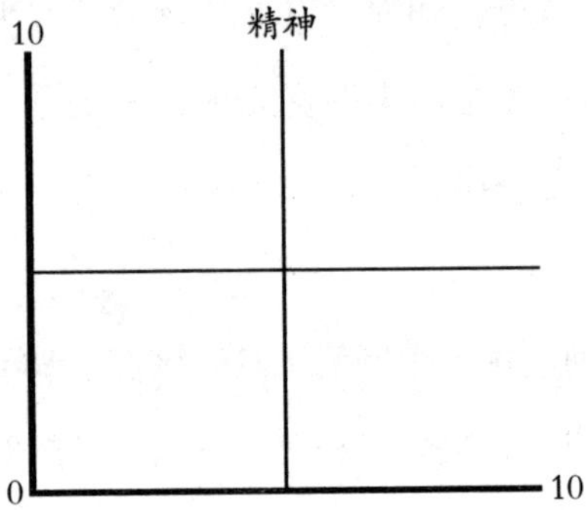

情感

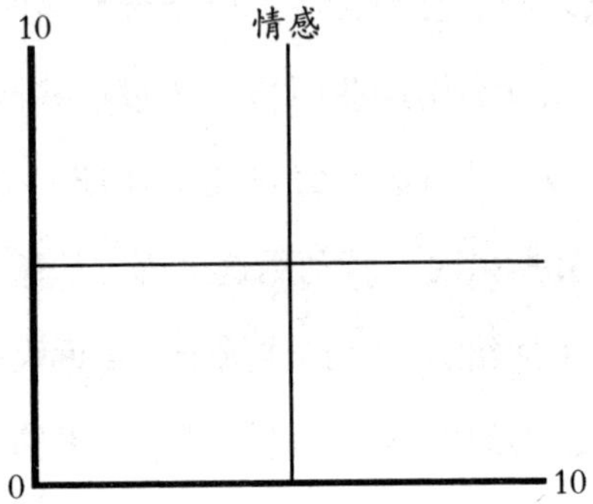

家庭

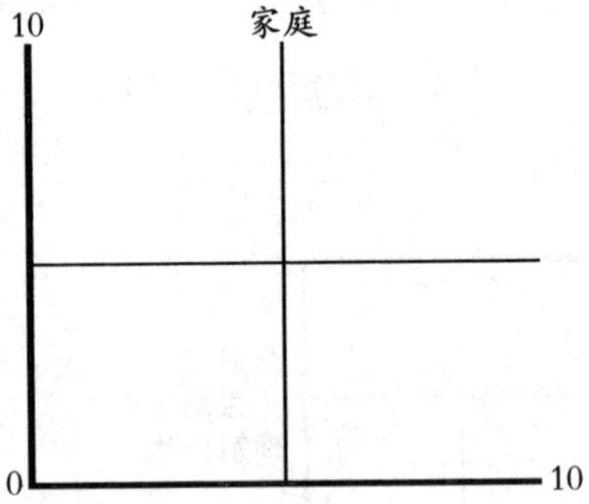

朋友

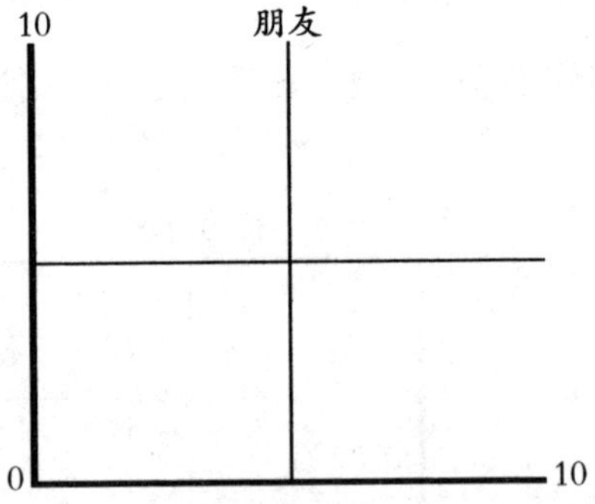

事业

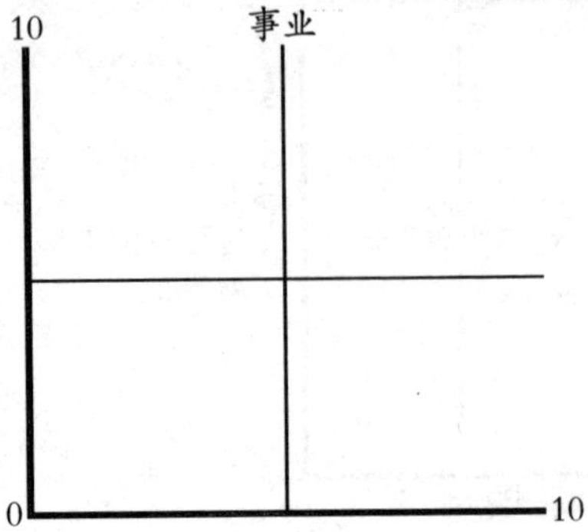

财务状况

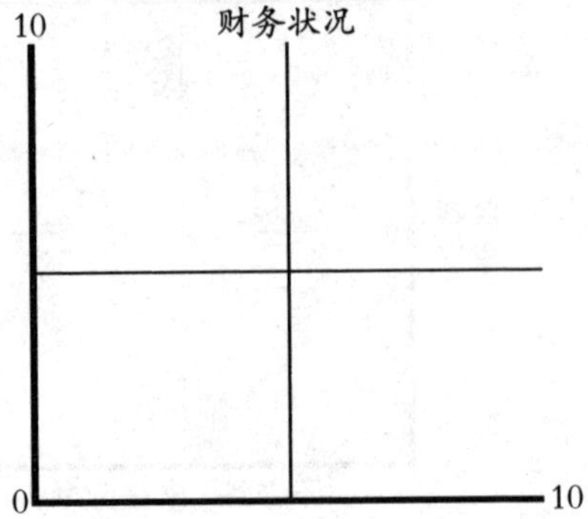

乘客模式

> **我是如何激励我自己的**
>
> 我会给自己设置最终期限，比如几点几分之前要穿戴好，准备出门。
>
> 贾妮斯·斯古乐·利特温

如果你在自我意识和行为表现方面得分都比较低，那么你可能是左下角第一象限那种类型的。这里面说的乘客，是指不带任何“问题”做事的人。如果你问一个“乘客”，“你为什么这么做？”他们的答案是统一的：“因为这是我的工作，不完成不行，总得有人来完成。而且，他们告诉我必须要这样做。”

因为在生活某些方面缺少自我认知，乘客模式的人往往一直在等待别人去激励他们。不过，随着他们在行为表现维度的得分不断提高，他们的运行模式也将自然而然随之改变。如果他们能不断突破自己的舒适区，他们就能开始不断进步和成长，而且会主动去比要求的多做一些。这样，他们就能不再那么依赖激励，只要有足够的信息和合理的工具支持以及一个他们能尽力控制结果的局面就可以了。乘客模式的人似乎在生活的某些方面不会进行深度的思考，他们缺乏足够精力或动力去质疑过程或挑战权威，他们大部分时间里都处于一种迷茫困惑的状态。乘客模式的人往往处于被动局面，他们一直在等待别人的指令或允许。他们缺少担任领袖角色的勇气和信心。在生活中某些方面，他们会把自己想象成受害者。

如果一个人想摆脱乘客模式，他们该怎么做呢？他们可以从多问问题开始，不断改善提高自己的自我意识，就像一个 3 岁的孩子，面对一切都应该问“为什么”！随着自我意识不断增强，得分不断提高，他们的思维会越来越开阔，在群体和关系中的地位也会越来越重要。乘客模式这个象限就是一个需要不断纳入目标和行动的领域。处于这个象限的人往往是成就低下者，他们往往不谙世事，时常感到空虚、沮丧、恐惧，患得患失。他们在自我意识和行为表现方面的得分都相对较低。

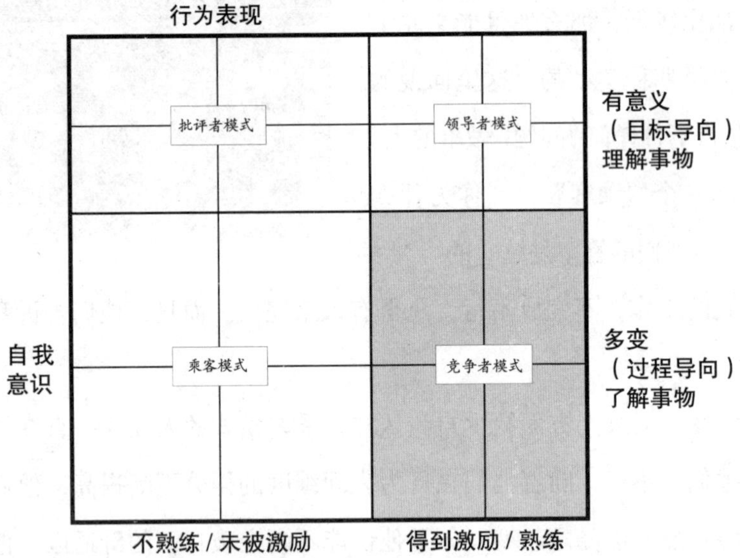

对于处于乘客模式的个体，他们的生活往往以某个事件为导向，而缺乏意义和目标感，也因此更加多变、不稳定。他们处于这个图谱中技能和激励表现比较低下的一端（不熟练 / 未被激励）。这些人在自我意识和行为表现方面还有很大的提升和改善空间。也就说明他们在这一方面的生活还需要得到很多注意和关注，来最大限度释放他们的潜力。

竞争者模式

当你开始改善自己的行为表现，但是没有同步提高自己的自我意识，那么你就进入了右下角那个象限，也就是对应的竞争者模式。“竞争者”往往都是工作狂。就像时刻在跑步机上，他们总在试图跑赢一场根本不存在的比赛。他们一刻不停地加速前进，心里想着不远的地方就是成功的彼岸。但是，事实往往并非如此，他们最终收获的只不过是足底的老茧！“竞争者”处于过度消耗的危险边缘——他们总是带着焦虑在工作。他们总是担心自己不能成为第一，不能成为最多的、最好的或者最大的。他们总是在窥伺他人，拿别人与自己比较，这山望着那山高。总而言之，他们就是无时无刻不在竞争。而这是一种高度紧张，令人时刻感到焦虑不安的生活方式，因为这种生活本身并无满足和成就感可言。可能你会在胜利以后经历短暂的喜悦：“太好了！我是第一名。”但是过一会儿，你就会说：“我得再次回到我的跑步机上了。”

竞争者模式象限是一个需要人们为其注入意义和内涵的领域。在这个象限的个体往往会在对应的生活方面受到强烈的驱使，并且被压得喘不过气。他们是别人眼中的成功者，但是获得的成就感转瞬即逝，只是昙花一现。这些人需要内化追求成功的过程，“如果你不知道做一件事有什么意义，那么这件事对你来讲也没什么价值”。

我是如何激励我自己的

我算是一个蛮激情满满的人了。但是，每当我感到动力不足时，我发现那通常就代表我累了——尽管有时我意识不到。虽然听起来可能有点蠢，但只要我睡上一小觉，我马上又能动力满格！

南希·怀特舒

我是如何激励我自己的

8 世纪，有一名伟大的犹太潜修者叫拉比·希利尔，他曾说过，“此时此刻，舍我其谁？不是此时，更待何时？”在这句话的鼓励下，我克服了无数艰难险阻。作为一名从餐饮行业退下来的牧师，我深有体会，一周一次的教堂仪式和一日两次走进餐厅大为不同。所以，快马加鞭在我这里有另一种解读，那就是把精神和信仰的油门踩到底。我没有那么多时间可以浪费，让我们开始吧。

乔治·霍恩

如果你能开始寻找你行为表现中的深层意义和内涵，那么你就离获得成就感又迈进了一步。

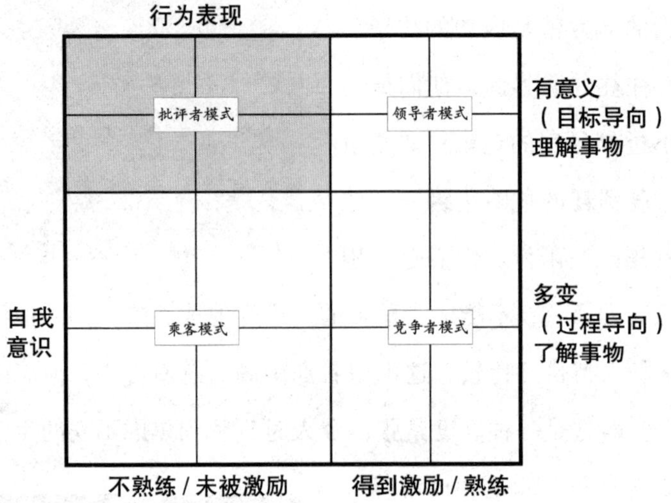

批评者模式

顺着自我意识坐标轴向上，左上角的这个象限就是批评者模式。批评者模式的人做起事来中规中矩，但考虑的却非常多。他们总在思考答案，有时能抓到问题背后的一些原因。但是，很多时候他们扮演的只不过是旁观者的角色，只是在旁边指手画脚而已。他们坐在观众席上朝场下大声呼喊，自作多情地按照自己的想法指挥着场上的运动员——但是场上的运动员没有一个听到或关心他们喊的是什么。

他们可能足够了解自己，但是从来不肯采取切实的行动让自己成长。如果我们每个人做的都只是高谈阔论，而不作用于我们的实际行动，那我们最终只能沦为在一旁凑热闹、纸上谈兵的局外人，无人问津。大多数“批评者”会在生活中变得越来越愤世嫉俗、疑神疑鬼，他们表面看起来能说会道，实则碌碌无为，只会夸夸其谈。他们嘴中的理论一套一套，落实到手上却无计可施。

批评者模式的人该怎么做才能进入领导者模式呢？批评者需要永远比要求的多做一点，比如不仅仅要完成工作，还要能解决问题，投入一切可能的努力，达到最终目标。批评者模式象限是一个需要个体投入更多实际行动的领域，处于这个象限和模式的人往往在生活的某些方面更容易陷入孤独和隔离感。

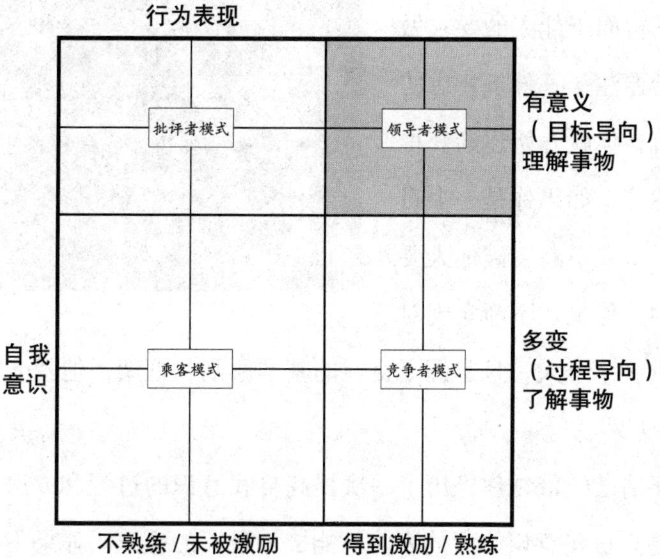

领导者模式

如果一个人能一边改善自己的行为表现，一边又能专注于目标和意图，那他们驾驭事物的能力就能上升到一个新的层次，也就是我们即将进入的下一个象限，右上角的领导者模式，它是我们的生活开始变得丰盈且充满成就感的起点。“领导者”都是奉献者，他们在这个世界发挥自己独一无二作用的同时，也在体验着一种个人成就感。生活对他们来说充满意义，他们对自己给这个世界带来的变化充满成就感。

领导者象限是唯一一个能让你实现个人成就感的生活运行模式。当你不再囿于他人的要求做事而是开始专注于一件事背后的意义和动机，你就开始逐渐获得个人成就感了。如果你是一个目标导向的人，在不断突破他人要求的过程中，你也在不断实现对自己的尊重。一个人一旦掌握了目标的基本原则和框架，他就能轻而易举地推导出整个过程。

我是如何激励我自己的

我总喜欢脑补各种画面，想象并用心感受最后的结局会是一番怎样的景象。我会一遍又一遍地重复，让它尽可能地真实，直到它深深地刻在我的脑海里。有时，我会采取同样的方式，提醒自己不采取某种行动可能带来的不良后果和感觉——我会尽可能地脑补不适的感觉。然后我会回过神，再感受一下采取正确行动会带来什么结果。通过这种方式，我能觉察并感受各种可能遇到的情况，甚至那些在现实中不太可能发生的情况。

泰勒·凯·斯蒂芬斯

这项评估已经带领你经历了一次提高自我意识的过程和方法。但是那些仅仅具备提高自我意识能力的人并不能成为最大的赢家。如果不同时掌握点自我激励的方法和技巧，你的处境很难得到进一步改善。当你不仅能了解自己还能激励自己时，你就能成功走出乘客模式，逐渐过渡晋级到领导者模式。一个目标导向的人格加上高效的行为表现，就是实现自我满足感和成就感的最佳公式。

现在，你已经熟悉了生活运行模式网格，你可以轻松地将你生活的任何一部分映射到这个网格中，清楚地看到自己知与行的水平。通过这种方式，你能迅速识别出你当前的生活运行模式，无论是乘客模式、竞争者模式、批评者模式，还是领导者模式。如果这个模式和你的处境相符，那么你就不需要做出改变。但是如果这个模式与你的处境存在某种割裂，或者这个模式与你的处境根本格格不入，那么你就可以做出改变和调整，选择获取更多信息（知）或者采取更多行动（行）。

好了，现在你读完一本书了，但是它真的能给你的生活带来影响吗？

下面让我们一起来回顾一下这本书。让我们看看这本书能多大程度上伴随你成长。

◎ 读到这儿，书中链接的视频片段你看了多少？如果一个都没看过，请返回观看，让这些信息鲜活地呈现在你面前。

◎ 你有没有在读过“看了这个观点，你会采取什么行动”后，趁着百感交集之时，在空白处切切实实写下一些答案？再去多写一个，我在这儿等你。

◎ 在68个激励自己的方式中，有哪些你已经在使用了？停下来数一数，把这个数字写在这儿。____________

◎ 根据个人事项优先轮显示，你生活中有哪些部分需要得到更多的关注？单独拿出一张纸，写下前三个，然后开始采取行动。

◎ 在运行模式网格中，你最经常落位在哪个模式中？是乘客模式、批评者模式、竞争者模式还是领导者模式？为了更好地刺激成长，取得进步，你需要获取更多的“知”还是采取更多的“行”？

我是如何激励我自己的

我总是把目标设得比我对自己的预估能力高一些。我的哲学理念是即使我没能完成那些崇高的目标，但是因为我设的起点足够高，结果往往不会差到哪里去。这个方法对我很奏效。我设立过很多目标——买一艘船、完成一次马拉松、写一本书、组建我自己的公司。

汤姆·米勒（作家、企业家）

◎ 生活中有没有一件事需要你毫不犹豫地采取行动并且长期坚持？这件事会是什么事？（例如，穿上跑鞋来到路边。）

◎ 如果让你在读过这一整本书以后只采取一个行动，你会通过采取什么行动最大限度帮助自己走向成功？

◎ 你有为自己描绘过未来画像吗？对你来说，这个画像就是吸引你前进的磁铁。确保让这个未来画像的样子对你有足够吸引力。

◎ 最后，让我再问你最后一个问题：你想要的是什么？

◎ 现在就去得到它！

后记

来自吉姆·卡斯卡特的话

有趣的部分开始了……

你已经虚心地在这本书上投入了许多时间和精力，努力使自己的生活变得更好，同时也在想办法帮助他人实现这个目标。

我真诚地欣赏并感谢你为自己的成长做出的承诺与投入。能够读到这里，你应该为自己感到骄傲，尤其应该为你能完成一系列练习而感到骄傲和自豪。真正能全身心投入自我提高的人是凤毛麟角的，数都数得过来。没错，会有很多人买书、参加各种课程，但是没有多少人能做到迄今为止你完成的事。

就凭这一点，我坚信你能为这个世界变得更加美好做出贡献。正是因为有像你我一样肯努力改变自己的人，才有了重大改变与进步的产生。如果每个个体不做出改变，我们的社会也不会发生任何改变。没错，我说的就是你！

感谢你能努力提高自己，并以积极的态度和方式对待这个世界。我很骄傲能在成长的路上结识你这个新朋友。

请通过我们的网站与我保持联系，让我知道你在成长的路上需要得到的帮助。我会与你共同成长，在继续探索的过程中，我会把我的发现和思考与你共同分享。所以，请让我加入你的队伍吧。如果你需要我的指导，需要我参与到你公司和组织的成长过程中，请告诉我。每一年，我都会为几名特殊客户提供帮助与服务，如果你是其中之一，我将不胜荣幸。

> 上帝说："创造一个更好的世界。"我问他："怎么做？这个世界现在太大太复杂了，而我如此渺小，能力又十分有限。我能做些什么呢？"上帝会心一笑，充满智慧地说道："让自己变得更好。"
>
> ——佚名

致 谢

谢谢你，葆拉和小吉姆。我要特别感谢他们，葆拉·卡斯卡特和小吉姆·卡斯卡特，感谢他们在我成长的过程中给予我的宽容和理解，感谢他们包容我在成长过程中各种怪异的行为举止。当我绞尽脑汁试图完成那些不得不做的事（尽管有时显得无关紧要），尤其是在我内心抗拒（他们也不情愿）时，他们选择一直默默地支持我，包容我的倔强。我很感激，你们的包容对我来说真的非常重要。

谢谢你，托尼·亚历山大、丹·克兰顿、山姆·格罗斯、比尔·贝尔、比尔·吉莱斯皮、鲁伯特·罗伯森、查理斯·李，以及这些年一直支持我的朋友们。我的生活印有你们走过的痕迹，对此我十分珍惜。谢谢你，唐·范多伦、哈罗德·盖什、玛莎·菲尔德、卡罗尔·詹姆斯、比尔·约翰逊、尼朵·库比恩、特里·麦卡恩、凯西·卡斯卡特、道格·雷诺兹、卡维特·罗伯特和比尔·戈夫，谢谢你们在我自己都不相信自己时选择相信我。谢谢你，加里·里昂森、乔·威拉德、里奥·哈特、大卫·朱、丹尼斯·马登和罗杰·布兰德，谢谢你们给我机会，让我与你们共同见证你们组织的成功，谢谢你们给予我一如既往的信任。谢谢你，卡洛琳·约翰逊·布朗和帕梅拉·斯坦博，谢谢你们与我一同见证卡斯卡特研究所的成长。我要特别感谢霍利·达克沃斯、简·佩恩和达雷尔·戴维斯，谢谢你们精心校对这本书的手稿。

我还要感谢我的父母，带我开启这不可思议的人生。

亲爱的读者，认可的力量是巨大的。当别人公开承认我们行动的价值，我们的自尊就提升到了一个新的高度，我们的笑容会在内心绽放。你现在就拥有这股神奇的力量，你不仅能提高自身的正能量，而且还能通过承认他人的行动成果给他们以力量和激励。请把这种力量看作一种责任和荣耀。不要吝惜你对他人的感谢和关注，做与不做真的会产生天差地别的结果。给这个世界增添一份乐趣吧，和你身边的人一起享受聚光灯下的掌声与欢呼。

视频课程

这页共有 35 个视频链接，每一个视频都是一个免费的为时 2 ~ 3 分钟的采访或课程片段，内容取自吉姆·卡斯卡特在 Thrive15.com 上作为学院导师发布的企业培训课程。

读者可以登录网站后输入验证码“acorn”获得 30 天使用权，免费观看全部 1000 个视频课程。

不需要任何订阅，只要拿出手机或电脑点开链接，便可随时享受课程。

➔ 成功：你现在生活得有多充实？ – 吉姆·卡斯卡特 – 目标

https://www.thrive15.com/preview/SuccessHowFullyAreYouLivingNow

➔ 目标设定的艺术 – 吉姆·卡斯卡特 – 目标

https://www.thrive15.com/preview/GoalSettingMastery

➔ 不一样的心态，不一样的生活 – 吉姆·卡斯卡特 – 心态

https://www.thrive15.com/preview/ChangedMindChangedLife

➔ 预防借口和理由的流行病 – 吉姆·卡斯卡特 – 心态

https://www.thrive15.com/preview/BusinessMentorsGetVaccinatedFromTheEntitlementAndJustificationEpidemic

➔ 管好你不能解雇的人 – 吉姆·卡斯卡特 – 心态

https://www.thrive15.com/preview/ManagingPeopleYouCan%27tFire

➔ 自我激励：成功的关键 – 心态

https://www.thrive15.com/preview/436

➔ 自律与坚持 – 吉姆・卡斯卡特 – 心态

https://www.thrive15.com/preview/SelfDisciplineAndPersistence

➔ 保持自我激励的方法 – 吉姆・卡斯卡特 – 心态

https://www.thrive15.com/preview/StepsToKeepingYourselfMotivated

➔ 日常思维食谱 – 吉姆・卡斯卡特 – 心态

https://www.thrive15.com/preview/TheDailyThoughtDiet

➔ 你天生伟大 – 吉姆・卡斯卡特 – 心态

https://www.thrive15.com/preview/YouHaveGreatnessWithinYou

➔ 学习与鹰齐飞 – 吉姆・卡斯卡特 – 人际关系

https://www.thrive15.com/preview/LearningToFlyWithTheEagles

➔ 自我营销的艺术 – 吉姆・卡斯卡特 – 营销 / 公关

https://www.thrive15.com/preview/TheArtOfSelfPromotion

➔ 练习向上服务，提高满意度 – 吉姆・卡斯卡特 – 销售

https://www.thrive15.com/preview/TulsaCommunityCollegeContinuingEducationPracticeUpServingToIncreaseTheSatisfaction

➔ 关系营销八大素养 – 吉姆・卡斯卡特 – 销售

https://www.thrive15.com/preview/EightCompetenciesOfRelationshipSelling

➔ 吉姆・卡斯卡特的 15 个销售技巧 – 吉姆・卡斯卡特 – 销售

https://www.thrive15.com/preview/JimCathcart%27s15SalesMoves

➔14 个提高年度销售的方法 – 吉姆・卡斯卡特 – 销售

https://www.thrive15.com/preview/14WaysToIncreaseSalesThisYear

➔7 个自然价值观：读人 – 吉姆・卡斯卡特 – 销售

https://www.thrive15.com/preview/7NaturalValuesReadingPeople

➔ 拓展业务强有力的方法 – 吉姆・卡斯卡特 – 销售

https://www.thrive15.com/preview/PowerfulMovesToGrowYourBusinessThisYear

➔ 确定和管理不同的个人速率 – 吉姆 · 卡斯卡特 – 管理

https://www.thrive15.com/preview/ManagementTrainingDeterminingAndManagingDifferentPersonalVelocities

➔ 教你的团队如何正确地思考 – 吉姆 · 卡斯卡特 – 管理

https://www.thrive15.com/preview/TeachingYourTeamToThinkAccurately

➔ 营销的关键：声誉和青睐 – 吉姆 · 卡斯卡特 – 人力资源

https://www.thrive15.com/preview/TheKeyToPromotionReputationAndFavor

➔ 自我领导 – 吉姆 · 卡斯卡特 – 领导力

https://www.thrive15.com/preview/businessmentorsSelfLeadership

➔ 投资你自己：绝对值得！ – 吉姆 · 卡斯卡特 – 个人发展

https://www.thrive15.com/preview/TCCBusinessSchoolInvestInYourselfIt%27sWorthIt

➔ 自我赋权：八个真相 – 吉姆 · 卡斯卡特 – 个人发展

https://www.thrive15.com/preview/TCCBusinessSchoolSelfEmpowermentTheEightT%27s

➔ 公众演讲：一场灵魂出窍的实验 – 吉姆 · 卡斯卡特 – 个人成长

https://www.thrive15.com/preview/PublicSpeakingTheOutOfBodyExperience

➔ 橡果法则 – 吉姆 · 卡斯卡特 – 个人发展

https://www.thrive15.com/preview/421

➔ 持续教育的目的 – 吉姆 · 卡斯卡特 – 个人发展

https://www.thrive15.com/preview/TulsaCommunityCollegeBusinessSchoolThePurposeOfOngoingEducation

➔ 释放你的成长潜力：组织的艺术 – 吉姆 · 卡斯卡特 – 个人发展

https://www.thrive15.com/preview/UncappingYourGrowthPotentialTheArtOfOrgani

zation

➔ 专注核心，走向成功 – 吉姆 · 卡斯卡特 – 个人发展

https://www.thrive15.com/preview/TulsaCommunityCollegeBusinessSchoolFocusOnCoreTasksUntilSuccess

➔ 走向人生巅峰，哪怕没有学历和机遇 – 吉姆 · 卡斯卡特 – 个人发展

https://www.thrive15.com/preview/ClimbingTheLadderWithADegreeAndNoObviousOpportunities

➔ 学习如何培养讨人喜欢的个性 – 吉姆 · 卡斯卡特 – 个人发展

https://www.thrive15.com/preview/ClimbingTheLadderWithADegreeAndNoObviousOpportunities

➔ 学习提高专注能力 – 吉姆 · 卡斯卡特 – 个人发展

https://www.thrive15.com/preview/TulsaCommunityCollegeBusinessSchoolLearningTheArtOfConcentration

➔ 不要不知所措，培养你需要的习惯 – 吉姆 · 卡斯卡特 – 个人发展

https://www.thrive15.com/preview/TulsaCommunityCollegeBusinessSchoolDon%27tBeOverwhelmedCreateTheHabitsYouNeed

➔ 保持激励状态：掌握学到、得到、回到的游戏规则 – 吉姆 · 卡斯卡特 – 个人发展

https://www.thrive15.com/preview/StayingMotivatedTheWorkGameofLearnEarnReturn

➔ 公众和职业演说：自信沟通 – 吉姆 · 卡斯卡特 – 沟通

https://www.thrive15.com/preview/alternativestoLyndacomPublicAndProfessionalSpeakingConfidentCommunication

名人推荐

一本改变你人生格局的书！你不是在读这本书，而是在经历和体验它给你带来的一切。吉姆·卡斯卡特将带你走过他走过的人生旅途，让你近距离体会自我激励的力量，同时为你呈现各种细致入微的见解和洞察，带你走向人生巅峰。

——马克·亨特

一如既往地出色！此书适逢其时。每个二三十岁的年轻人都应该读一读、品一品，为成功不断积蓄努力……就像这本书的作者一样。

——库特·基尔帕特里克

盖洛普民意测验显示，美国大约 70% 的员工怠业或消极怠工。我希望他们能读一读吉姆的书，再次找到动力！

——格哈德·阿普费尔塔勒博士

吉姆以通俗易懂的方式描述了自我激励的积极作用，能为我们带来源源不断的满足和成就感。他在书中传递的方法和思想正是我们成功路上所需的激励和鼓舞。

——阿德里安·N. 哈夫洛克

你常为面临种种繁重职责、人际关系障碍、不良身体状况或困难财务情况而感到不安困惑吗？有了吉姆书中介绍的工具，你就能主宰你当前生活的境况，让你的生活产生质的飞跃。你现在面临的一切不能决定你的未来……决定你未来的是你的思维模式。谢谢你，吉姆！

——简·佩恩

这本书就像我们身体、大脑和灵魂的营养供给。从选择成为人生赢家的那一刻起，你就注定要每天采取行动，无论大小，朝着目标一点点前进。无论你的目标是什么，你都能从这本书中一个个充满力量的小故事和每天一点点的激励中获得动力，最终穿过目标的终点线。不要把这本书束之高阁，把它放在电脑旁、运动背包里、厨房里、车里或任何你能轻松获取的地方，让这本书驱动你完成你的梦想。

——霍利·达克沃斯

以我 40 多年的从业经验，如今年入几百万美元，我可以分享给你的建议正是吉姆·卡斯卡特说的那句话：我们应该经常问问自己，“我想要成为的那个人，他又会以何种方式做我即将要做的事呢？”能给我们提供最大激励的人就是我们脑海中未来的自己。吉姆深谙自我激励的秘诀，如今他敢为人先，以在世界范围内宣传自我激励为己任，努力让这个秘诀不再是只为少数人知道的秘密！

——丹尼斯·努梅拉

吉姆·卡斯卡特这些年来以他伟大的思想、激励和深刻的见解帮助了包括我在内许许多多的人。努力让你的生活更加美好，学习这些思想，然后充分地利用它们！你会庆幸你这么做了！

——特里·布洛克

吉姆·卡斯卡特的《反垂直思维》是一本终极指南，它能帮助你挖掘最高阶、最佳版本的你。按照吉姆在书中的要求做，然后当你再回首生活时，你会觉得你曾经的生活简直不堪入目。

——雷·司汤达

吉姆·卡斯卡特是国际公共演讲界的权威。

这本超级实用手册中介绍的工具和技巧能帮助你脱颖而出，让你成为一个杰出的演讲者。我真希望自己早点读到这本书。

——拉奥，理学教授

在激励的战场上苦苦挣扎这么久，我终于认识到真正的激励来源于自我激励。在这本《反垂直思维》中，吉姆为我们提供了许多切实可行的办法和建议，帮助读者找到内在动力，实现自我激励。正如"橡果法则"在提高自我意识和刺激成长方面发挥的作用，这本书也适用于任何努力提升自己的人，为他们带去全部所需激励，无论是身体、事业还是其他方面。干得好，吉姆！

——鲍勃·乔特

这本书和吉姆其他作品一样，应该得到特别关注。这是一部影响深远的力作。

——迪恩·林赛

吉姆·卡斯卡特能够取得今天的成就，绝非偶然，而是他努力的结果。

他凭借出色的自我激励能力，完成了一个又一个了不起的成就，同时他帮助数以万计的人实现了同样的目标。每当他谈起自我激励，我都会竖起耳朵听。你也应该如此！

——大卫·科尔宾

没有人出生时手里就捧着一本成功秘籍。但是也许，只是也许，这本书就是你一直在寻觅的行动指南。

——维克多·安东尼奥《生活的主人还是债务的奴隶》

自我激励是助你实现生活目标的关键。没有自我激励，你只不过是在浑浑噩噩地虚度光阴，做一日和尚撞一日钟，机会注定与你无缘。你的生命是有限的，最大限度地利用它！

——肯·韦斯特

吉姆·卡斯卡特会给你的生活带来改变和影响。你应该把这本书放在身边至少 90 天，然后观察你生活和银行账户中发生的翻天覆地的变化！！！

——罗恩·尼克，教练

吉姆·卡斯卡特能够通过书中点点滴滴的智慧帮助读者以他们自己的方式平安度过生活中的风浪与考验。如果关于走向成功这件事，你是认真的，那么吉姆这本用心良苦之作值得你一遍遍地研读。

——罗伯特·斯塔克

自我激励是实现独立的关键。成长的路上没有“关键”。这本书是你生活的路线图，指引你完成那些重要的事情，让你时刻充满动力，学习行业最前沿的知识。

——肖恩·萨姆森

吉姆·卡斯卡特是一名职业高手，他帮助了无数企业和个人发掘潜力，使他们走向成功。他鼓舞并激励人们关注生活中最重要的事——帮助人们做出艰难的决定，完成棘手的待办事项。这本书有着举足轻重的价值！！！

——格雷格·沃尔森

前进的唯一方式就是通过自我激励。你不能为我做任何事，所有事都必须由我自己来做。你不能替我蹦极，也不能替我爬山，你不能代我写书，你不能解决我的人际关系问题，你也不能帮我省钱。

你唯一能做的就是指引我，鼓励我采取行动。谢谢你吉姆，谢谢你为我的成功之路准备了又一张新的线路图。

——马克·戴维斯

吉姆·卡斯卡特鼓励我们思考自己特长，并把自己的优势转化为走向卓越的跳板，这种思路与哲学已经演变成了一门完备的艺术！《反垂直思维》无疑是在启发我们每一个读者认识到生活中的每一分每一秒都是充满价值的。这本书能让我们清晰地看到生活的重点，引领我们更好地在生活中投入时间和精力。此书和吉姆的其他所有作品一样，是在向生活和生命致敬！从我第一次接受吉姆的指导开始，我就对这一点深信不疑……他是我生命中的贵人。

——梅丽莎·谢普赫尔德－威廉姆斯

从我 1990 年第一次在美国演说家协会上听说吉姆·卡斯卡特的名字，到后来我们通过业务建立起友谊关系，再到后来 10 年后我去拉荷亚拜访他，每一次我都能发现他的新作品，他为我们呈现的关于激励与自我激励价值的书籍一直令我印象深刻。

——罗伯特·艾伦·布莱克

吉姆·卡斯卡特就好像一座知识和灵感的宝库。我曾有幸和他在公交车上有过 15 分钟的交流，我们仔细聊了聊生活、家庭和事业。他的见解让我对生活有了更加清晰的认识、专注度和决心。想象一下，如果他通过一段短短的闲聊就能做到这些——那么这本书会带来多大影响和作用。

——拉里·威廉姆斯

我第一次遇见吉姆·卡斯卡特是在 1977 年波士顿的一场销售会议上。最让我印象深刻的是，他总能找到最准确的语句鼓励我们，给我们希望、方向和信心，让我们充满激情地追求目标。20 年后的今天，他仍然在用自己的方式给我们的生活带来影响，鼓励那颗小橡果成长为一棵参天橡树。谢谢你，吉姆！！

——尼尔·伍德